U0193254

谦德少年文库

QIANDE JUVENILE LIBRARY

给孩子的数学启蒙书

你好，数学

趣味的数和图

许莼舫 著

团结出版社

图书在版编目（CIP）数据

趣味的数和图 / 许莼舫著. -- 北京 : 团结出版社,

2022.1

（你好, 数学 : 给孩子的数学启蒙书）

ISBN 978-7-5126-9253-4

Ⅰ. ①趣… Ⅱ. ①许… Ⅲ. ①数学－少儿读物 Ⅳ.

①O1-49

中国版本图书馆CIP数据核字(2021)第221302号

出版: 团结出版社

（北京市东城区东皇城根南街84号 邮编: 100006）

电话:（010）65228880 65244790 (传真）

网址: www.tjpress.com

Email: zb65244790@vip.163.com

经销: 全国新华书店

印刷: 北京天宇万达印刷有限公司

开本: 145×210 1/32

印张: 42.5

字数: 758千字

版次: 2022年1月 第1版

印次: 2022年1月 第1次印刷

书号: 978-7-5126-9253-4

定价: 178.00元（全6册）

目录 contents

一 趣味的数字

问 题

1.奇妙的数 有一个六位的整数142857，如果移首位1到末位7的后面，就变成428571，恰为原数的3倍，如果移14到7的后面，就变成285714，恰为原数的2倍。同样，再移142，1428，14285到7的后面，成857142，571428，714285，就为原数的6倍、4倍、5倍。这一个性质虽然很奇妙，但另外还有一种更奇妙的性质，读者不妨研究一下。

2.奇妙的数 142857这个数有上题所述的奇特性质，那么有没有别的数也有类似的性质呢？

3.数字奇观 试计算下列两题，可得到有趣的答案。

（1）有数37037037，它的18倍或27倍各是多少？

（2）有数98765432，它的9倍和$1\frac{1}{8}$倍各是多少？

4.数字奇观

（1）

$$1\times9+2=11$$

$$12\times9+3=111$$

$$123\times9+4=1111$$

$$1234\times9+5=11111$$

$$12345\times9+6=111111$$

$$123456\times9+7=1111111$$

$$1234567\times9+8=11111111$$

$$12345678\times9+9=111111111$$

$$123456789\times9+10=1111111111$$

（2）

$$1\times8+1=9$$

$$12\times8+2=98$$

$$123\times8+3=987$$

$$1234\times8+4=9876$$

$$12345\times8+5=98765$$

$$123456\times8+6=987654$$

$$1234567\times8+7=9876543$$

$$12345678\times8+8=98765432$$

$$123456789\times8+9=987654321$$

(3)

$$9\times9+7=88$$

$$98\times9+6=888$$

$$987\times9+5=8888$$

$$9876\times9+4=88888$$

$$98765\times9+3=888888$$

$$987654\times9+2=8888888$$

$$9876543\times9+1=88888888$$

$$98765432\times9+0=888888888$$

(4)

$$1\times1=1$$

$$11\times11=121$$

$$111\times111=12321$$

$$1111\times1111=1234321$$

$$11111\times11111=123454321$$

$$111111\times111111=12345654321$$

$$1111111\times1111111=1234567654321$$

$$11111111\times11111111=123456787654321$$

$$111111111\times111111111=12345678987654321$$

（5）

1×8+1 = 9

11×8+11 = 99

111×8+111 = 999

1111×8+1111 = 9999

11111×8+11111 = 99999

111111×8+1111111 = 999999

1111111×8+1111111 = 9999999

11111111×8+11111111 = 99999999

111111111×8+111111111=999999999

5.数字奇观　下面的六种计算是很有趣的，你能够举出类似的算式吗？

（1）142857×7=0999999，0999999÷9=111111。

（2）285714×7=1999998，1999998÷9=222222。

（3）428571×7=2999997，2999997÷9=333333。

（4）571428×7=3999996，3999996÷9=444444。

（5）714285×7=4999995，4999995÷9=555555。

（6）857142×7=5999994，5999994÷9=666666。

6.数字奇观　甲、乙两数的二次方和四次方，它们所含的各数字除位置外完全相同，问：有没有这样的两数呢？

7.数字奇观　两个连续整数的平方，它们所含的各数字除位置外完全相同。下面就是一个例子：

$$13^2=169$$

$$14^2=196$$

另外还有别的连续整数有相似的性质吗？

8.数字奇观 几个数的立方，它们所含的各数字除位置外完全相同，你能举一两个例子吗？

9.数字奇观 16这个数有一种特殊的性质：它的平方根是4；在1和6间插入15，成1156，则平方根是34；又在11和56间插入15，成111556，则平方根是334；再在中间插入15，成11115556，则平方根是3334。依此类推，在中间插入无论多少个15，都成平方数，它的平方根都成333……34。

除去16以外，别的数也有这样的性质吗？

10.括号奇观 把从1到9的九个基本数字顺次排列，中间用加号、乘号和各种括号连接，成种种不同的算式，使它们的结果或相同，或相似，也是很有趣的游戏。下面先举三个例子，读者也能自己举些别的例子吗？

$$(1)\quad \left.\begin{aligned} &1+[2\times3+4\times(5+6)\times(7+8)]\times9=5995\\ &1+[2\times(3+4)\times(5+6\times7)+8]\times9=5995\\ &1+\{2\times[3+4\times(5+6)]\times7+8\}\times9=5995 \end{aligned}\right\}$$

$$(2)\quad \left.\begin{aligned} &(1+2\times3+4\times5+6)\times(7+8)\times9=4455\\ &\{[(\overline{1+2}\times3+4)\times5+6]\times7+8\}\times9=4545\\ &(1+2\times3+4)\times(5+6\times7+8)\times9=5445 \end{aligned}\right\}$$

$$
(3)\quad \left.\begin{array}{c}
[(1+2)\times(3+4)\times5+6\times7+8]\times9=1395\\
\{1+2\times[(3+4)\times5+6\times7+8]\}\times9=1539\\
(1+2)\times3+(4\times5+6)\times(7+8)\times9=3519\\
\{[(1+2\times3+4)\times5+6]\times7+8\}\times9=3915\\
(1+2)\times\{3+[(4\times5+6)\times7+8]\times9\}=5139\\
\{1+2\times[(\overline{3+4}\times5+6)\times7+8]\}\times9=5319
\end{array}\right\}
$$

11.巧组数字　用六个9字组成一个数，使它的值等于100，方法是什么呢？

12.奇偶数字的和　五个奇数字1，3，5，7，9的和是25，四个偶数字2，4，6，8的和是20，两者不相等。现在要用这奇、偶两组数字，各凑成适当的两个数（整数和分数），而得相等的和数，问：用什么方法？

13.九数成三群　用从1到9的九个基本数字，任意组成三个数，使其中两数的和等于第三数。又第一数可成两位数或一位数，第二数可成三位数或四位数，但第三数必须是四位数。问：除下举的两例外，还有哪几种方法？

（1）12×483=5796　（2）4×1738=6952

14.九数分两组　把从1到9的九个基本数字分成两组，又每组分成两数，使第一组的两数相乘的积，等于第二组的两数相乘的积。举例如下：

（1）158×23=79×46　（2）158×32=79×64

但（1）的两个积数是3634，（2）的两个积数是5056，都

不是最大的值，问：应该怎样分组，所得的积才是最大的值？（各数至少需有两位）

15.九数分两组 同上题，但所求的不是积的值最大，而是积的各位数字的和最大。又若欲使积的各位数字的和最小，应该怎样分组？（各数不限定但要满两位）

16.十个数字 和第14题类似，但要另加一个数字0，共计十个数字分成两组，各组又分两数，使它们的乘积相等。本题的解法很多，现在只需求得一最大的积和一最小的积。

17.奇怪乘法 从算式

（1）51249876×3=153749628

（2）16583742×9=149253678

知每式两边各含从1到9的九个基本数字。若用6做乘数，问：用何数做被乘数，才能与上式有相同的性质？

18.数字奇观 用从1到9的九个数字组成两个数，以小数除大数恰尽。例如

$$13458 \div 6729=2$$

现在要得商为3，4，5，……9，问：两数各是多少？（除数和被除数都宜取最小数）

19.百数难题 用从1到9的九个数字组成一个带分数，使它的值等于100，计有十一种方法。下面举一个例子，其余

十种请读者自己去研究。

$$91\frac{5742}{638}=100$$

20.复杂分数 已知十二个数如下:

13, 14, 15, 16, 18, 20, 27, 36, 40, 69, 72, 94

这十二个数各是一个带分数的值,而各带分数又都是从1到9的九个数字组成的。问:这十二个带分数各怎样?(需注意,等于15和18的两个带分数中含有繁分数)

21.和成百数 123456789=100,这一个式子一望而知是不成立的。但若用算术中的各种符号(加、减、乘、除和括号等符号)适当地插入其间,是可以成立的。读者试加以研究,举出各种不同的方法,并求出所插符号的个数最少的那种方法。

22.分数合百 用从1到9的九个数字和0,排成两个带分数,使它们的和等于100,也是很有趣的。举例如下:

(1) $50\frac{1}{2}+49\frac{38}{76}=100$

(2) $40\frac{1}{2}+59\frac{38}{76}=100$

还有别的例子吗?

23.数字奇观 排列从1到9的九个数字,使成完全立方,除下例外还有别的方法吗?

$$\frac{8}{32461759}=\left(\frac{2}{319}\right)^3$$

24.数字奇观　若一数是某数的倍数，把这数中各数字的次序轮换（即依次循环调换）后，仍是某数的倍数，除下例外有没有别的例子？

$$259=7\times37\qquad592=16\times37\qquad925=25\times37$$

25.指数变形　某人把$5^4 2^3$误写作5423，结果造成了错误。因为根据指数的意义，知道

$$5^4 2^3=5\times5\times5\times5\times2\times2\times2=5000$$

所以和5423是不相等的。但是我们如果另换四个适当的数字，依上法排列，写法虽错，结果却仍相等。问：这是什么数？

26.数字奇观　有数两组，它们各自的和相等，而各自的平方和也相等，举例如下：

$$1+6+8=2+4+9\qquad1^2+6^2+8^2=2^2+4^2+9^2$$

还有两组数，非但它们的和相等，平方和相等，而且立方和也相等，举例如下：

$$2+8+12+16+21+25+29+35$$
$$=3+7+11+17+20+26+30+34$$
$$2^2+8^2+12^2+16^2+21^2+25^2+29^2+35^2$$
$$=3^2+7^2+11^2+17^2+20^2+26^2+30^2+34^2$$
$$2^3+8^3+12^3+16^3+21^3+25^3+29^3+35^3$$

$=3^3+7^3+11^3+17^3+20^3+26^3+30^3+34^3$

读者能另外各举一个例子吗?

27.数字奇观　三个连续整数可以分别各被一个数的立方除尽,也是很有趣的。下面举一个例子:

1375能被5^3除尽

1376能被2^3除尽

1377能被3^3除尽

28.四四呈奇　取四个4字,用算术和代数的符号连接起来,可成种种的数。例如

$$\frac{4+4}{4+4}=1 \quad \frac{4+4}{4+4}=2 \quad \frac{4+4+4}{4}=3 \quad \frac{4-4}{4}+4=4$$

依此规则,要取四个4,组成从1到100的一百个数,你能够办得到吗?

29.乘算奇观　取一个一位数和一个三位数相乘,或两个二位数相乘,使所得的积的各数字恰和乘数、被乘数的各数字相同,问:有几种解答?下面是一个例子:

$$15\times93=1395$$

30.乘算奇观　某人在他的手提箱上揭下一张号单,号数是3025,无意间截成了30和25两段,发现这两数的和是

$$30+25=55$$

而

$$55^2=3025$$

所得的仍是原数。他觉得很有趣,于是拿别的四位数

来试验，结果又求到两个四位数，也有这样的性质，你知道这两个数吗？

31.奇异的数 48是一个奇异的数，因为48+1=49是7的平方，$48\times\frac{1}{2}+1=25$是5的平方。有这种性质的数是很多的，你能求出最小的三个数吗？

32.数字成方 分一正方形为九格，如图1，用从1到9的九个数字分别填入格内，使每列三个数字各成一个三位数，其中第二列的数2倍于第一列的数，第三列的数3倍于第一列的数。除图示一法外，另有三法，你知道吗？

1	9	2	第一列
3	8	4	第二列
5	7	6	第三列

图 1

33.一数分两数 分一数为两数，使它们的差等于它们平方的差，问：该数是几？

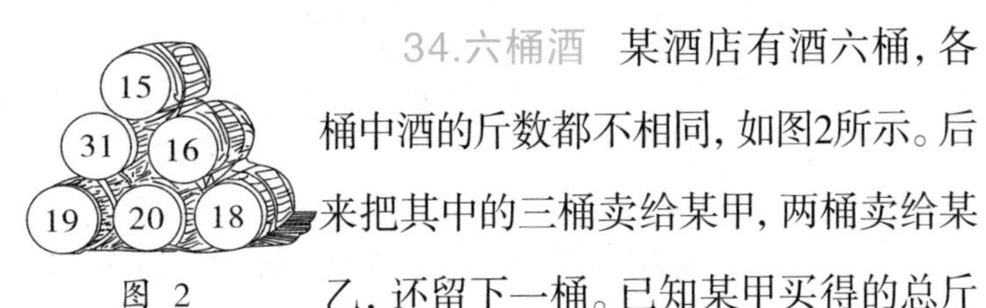

图 2

34.六桶酒 某酒店有酒六桶，各桶中酒的斤数都不相同，如图2所示。后来把其中的三桶卖给某甲，两桶卖给某乙，还留下一桶。已知某甲买得的总斤数是某乙的2倍，问：哪几桶卖给某甲，哪几桶卖给某乙？

35.抽屉难题 有A、B、C三柜，每柜有抽屉九只，如图3。假定在各抽屉上刻一个数字，每柜所刻的九个数字须各不相同，且限于在0，1，2，3，4，5，6，7，8，9的十个数字之内。又规定在各柜的左行三抽屉上(即在a、b、c位置的三抽屉)不能刻0字;每柜各列的三数字组成一个三位数,第三列的数恰为第一、二两列的两数的和;各柜第三列的数以A为最小,C为最大,B则在A、C之间。问:各柜上数字的位置怎样?

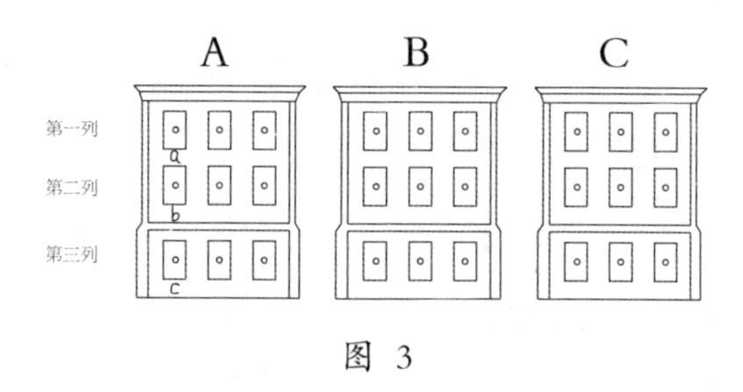

图 3

36.十数连环 十个数字依图4所示的次序连环排在一个环上。现在要把这十个数字分成三组,使第一组和第二组相乘的积等于第三组。例如,第一组是2,第二组是8907,第三组是15463,但$2\times8907\neq15463$。那么要怎样分组才对呢?

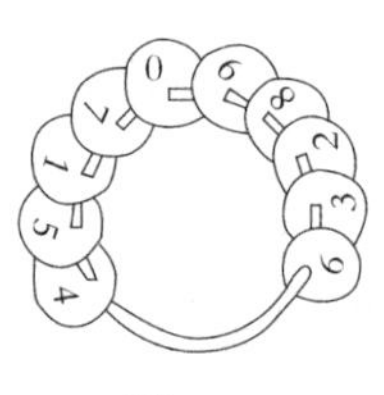

图 4

37.九桶油 有油九桶,桶上分别刻着从1到9的九个数,运输时工人把它们排列成如图5所示的顺序。某甲走过,看见最左一桶上的7,和右面相连二桶上的28相乘,恰巧等于中间三桶上的196。于是对他的同伴某乙说:“如果把这九桶油重新排列,使其不但仍有上述的性质,而且最右一桶上的数和它的左面相连二桶上的数相乘，也等于中间三桶上的数，你能办得到吗？但乘得的积不必仍是196，而搬移的次数愈少愈好。”某乙没有办法，请读者替他想个解决办法。

图 5

38.排数成环　一个圆环上排列着十个正方形，每个正方形中各置一个相异的数，其中A、B、F、G四个正方形中的数顺次已知是16，2，8，14，如图6所示。在这四个数中，$A^2+B^2=16^2+2^2=260$，$F^2+G^2=8^2+14^2=260$，两个平方和恰相等。要使$B^2+C^2=G^2+H^2$，$C^2+D^2=H^2+I^2$，$D^2+E^2=I^2+K^2$，$E^2+F^2=K^2+A^2$，但各平方和不限于260，其余六个正方形中应该填入什么数呢？

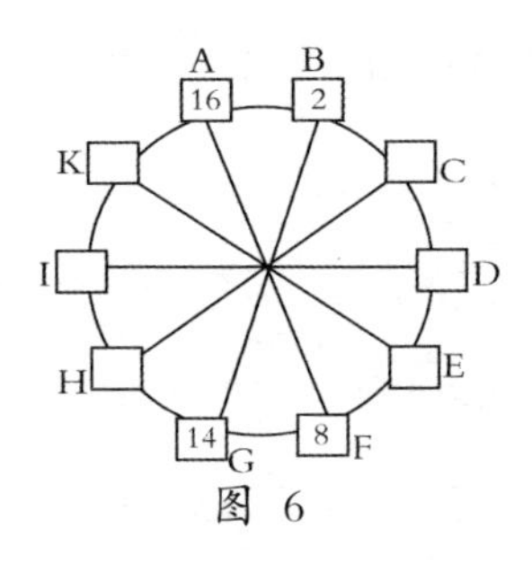

图 6

39.渔翁趣话　有人问某渔翁：“你捕到了多少鱼？”渔翁回答说：“我捕得无头的六，无尾的九，又八的一半。”这渔翁究竟捕到了多少鱼呢?

答 案

1.奇妙的数 凡是一个六位数,它的六个数字是依1, 4, 2, 8, 5, 7的顺序循环排列而成的,那么用任何数(非7的倍数)乘它,再把所得的积每六位分作一段(从个位向左分),各段相加所得的和,一定仍是这六个数字依前述的顺序循环排列而成的。下面举三个例子:

(1)142857×23=3285711, 3+285711=285714。

(2)142857×345=49, 285665, 49+285665=285714。

(3)142857×514876302=73553683874814,

73+553683+874814=1428570,

1+428570=428571。

如果所用的乘数是7的倍数,那么把所得的积分段相加后得到的结果是999999。举例如下:

142857×3514876302=502124683874814

502+124683+874814=999999

这样的性质,难道不奇妙不可思议?

2.奇妙的数

$1\times76923=076923$ $2\times76923=153846$

$3\times76923=230769$ $5\times76923=384615$

$4\times76923=307692$ $6\times76923=461538$

$9\times76923=692307$ $7\times76923=538461$

$10\times76923=769230$ $8\times76923=615384$

$12\times76923=923076$ $11\times76923=846153$

3.数字奇观

（1）$37037037\times18=666666666$

$37037037\times27=999999999$

（2）$98765432\times9=888888888$

$98765432\times1\frac{1}{8}=111111111$

4.数字奇观 答案见原题。

5.数字奇观

（1）$153846\times13=1999998$ $1999998\div9=222222$

（2）$230769\times13=2999997$ $2999997\div9=333333$

（3）$307692\times13=3999996$ $3999996\div9=444444$

（4）$384615\times13=4999995$ $4999995\div9=555555$

（5）$461538\times13=5999994$ $5999994\div9=666666$

（6）$538461\times13=6999993$ $6999993\div9=777777$

（7）$615384\times13=7999992$ $7999992\div9=888888$

（8）$692307\times13=8999991$　$8999991\div9=999999$

6.数字奇观

$$32^2=1024 \qquad 32^4=1048576$$

$$49^2=2401 \qquad 49^4=5764801$$

7.数字奇观

（1）$157^2=24649$　$158^2=24964$

（2）$913^2=833569$　$914^2=835396$

8.数字奇观

（1）$345^3=41063625$　（2）$331^3=36264691$

$384^3=56623104$　$406^3=66923416$

$405^3=66430125$

9.数字奇观 除16外只有49也有同样的性质：

$$\sqrt{49}=7$$

$$\sqrt{4489}=67$$

$$\sqrt{444889}=667$$

$$\sqrt{44448889}=6667$$

…………………………

10.括号奇观 下面是另外的三种例子：

$$(1)\left.\begin{array}{l}[1+2\times3+4\times(5+6)\times(7+8)]\times9=6003\\ [1+2\times(3+4)\times(5+6\times7)+8]\times9=6003\\ \{1+2\times[3+4\times(5+6)]\times7+8\}\times9=6003\end{array}\right\}$$

(2) $$\left.\begin{aligned}(1+2\times3+4\times5+6)\times7+8\times9=303\\(1+2\times3+4)\times5+(6\times7+8)\times9=505\\[1+(2\times3+4)\times5+6\times7+8]\times9=909\end{aligned}\right\}$$

(3) $$\left.\begin{aligned}(1+2)\times(3+4)\times5+(6\times7+8)\times9=555\\[1+2\times(3+4)]\times(5+6\times7)+8\times9=777\\(1+2)\times3+[4\times5+6\times(7+8)]\times9=999\end{aligned}\right\}$$

11.巧组数字 $99\frac{99}{99}=100$

12.奇偶数字的和 最简单的答案如下：

$$79+5\frac{1}{3}=84\frac{1}{3}\qquad 84+\frac{2}{6}=84\frac{1}{3}$$

13.九数成三群 除题中的两例外，还有七种解答：

（1）28×157=4396 （2）42×138=5796

（3）18×297=5346 （4）27×198=5346

（5）39×186=7254 （6）48×159=7632

（7）4×1963=7852

14.九数分两组 174×32=96×58

两边的积都是5568，是最大的值。

15.九数分两组 数字的和最大的：

9×654=18×327，两边的积5886各数字的和是27。

数字的和最小的：

23×174=58×69，两边的积4002各数字的和是6。

16.十个数字 最大的积是58560，分组如下：

732×80=915×64

最小的积是6970，分组如下：

$$3485\times2=6970\times1$$

17.奇怪乘法 $32547891\times6=195287346$

18.数字奇观

$17469\div5823=3$　$16758\div2394=7$

$15768\div3942=4$　$25496\div3187=8$

$13485\div2697=5$　$57429\div6381=9$

$17658\div2943=6$

19.百数难题 其余十答如下：

（1）$96\frac{2148}{537}=100$　（2）$96\frac{1752}{438}=100$

（3）$96\frac{1428}{357}=100$　（4）$94\frac{1578}{263}=100$

（5）$91\frac{7524}{836}=100$　（6）$91\frac{5823}{647}=100$

（7）$82\frac{3546}{197}=100$　（8）$81\frac{7524}{396}=100$

（9）$81\frac{5623}{297}=100$　（10）$3\frac{69258}{714}=100$

20.复杂分数

（1）$9\frac{5472}{1368}=13$　（2）$9\frac{6435}{1287}=14$

（3）$12\frac{3576}{894}=16$　（4）$6\frac{13258}{947}=20$

（5）$15\frac{9432}{786}=27$　（6）$24\frac{9756}{813}=36$

（7）$27\frac{5148}{396}=40$　（8）$65\frac{1892}{473}=69$

（9）$59\frac{3614}{278}=72$　（10）$75\frac{3648}{192}=94$

（11）$3\frac{\frac{8952}{746}}{1}=15$　（12）$9\frac{\frac{5742}{638}}{1}=18$

21.和成百数　下面举出十一种不同的方法，其中的最后一种仅有三个符号，要算最简单的了。

（1）$1+2+3+4+5+6+7+(8\times9)=100$

（2）$-(1\times2)-3-4-5+(6\times7)+(8\times9)=100$

（3）$1+(2\times3)+(4\times5)-6+7+(8\times9)=100$

（4）$(1+2-3-4)\times(5-6-7-8-9)=100$

（5）$1+(2\times3)+4+5+67+8+9=100$

（6）$(1\times2)+34+56+7--8+9=100$

（7）$12+3-4+5+67+8+9=100$

（8）$123-4-5-6-7+8-9=100$

（9）$123+4-5+67-89=100$

（10）$123+45-67+8-9=100$

（11）$123-45-67+89=100$

22.分数合百　$80\frac{27}{54}+19\frac{3}{6}=100$　$89\frac{27}{54}+10\frac{3}{6}=100$

23.数字奇观

$$\frac{8}{24137569}=\left(\frac{2}{289}\right)^3\quad\frac{125}{438976}=\left(\frac{5}{76}\right)^3$$

$$\frac{512}{438976}=\left(\frac{8}{76}\right)^3 \quad \frac{9261}{804357}=\left(\frac{21}{93}\right)^3$$

24.数字奇观 除37外，41的倍数也有这样的性质。

$$17589=429\times41 \quad 75891=1851\times41$$

$$58917=1437\times41 \quad 89175=2175\times41$$

$$91758=2238\times41$$

25.指数变形 把$2^5\times9^2$写作2592，数值仍相等，因

$$2^5\times9^2=2\times2\times2\times2\times2\times9\times9=2592$$

26.数字奇观

（1）$2+4+13+24+27+29+30=3+6+12+19+26+28+35$

$$2^2+4^2+13^2+24^2+27^2+29^2+30^2=3^2+6^2+12^2+19^2+26^2+28^2+35^2$$

（2）$1+5+8+12+16+24+30+100+110$

$=3+4+6+10+11+22+50+80+120$

$1^2+5^2+8^2+12^2+16^2+24^2+30^2+100^2+110^2$

$=3^2+4^2+6^2+10^2+11^2+22^2+50^2+80^2+120^2$

$1^3+5^3+8^3+12^3+16^3+24^3+30^3+100^3+110^3$

$=3^3+4^3+6^3+10^3+11^3+22^3+50^3+80^3+120^3$

27.数字奇观 答案见原题。

28.四四呈奇 下面杂用加、减、乘、除、括号、小数点，循环点、根号、阶乘等符号，连接四个4字，成五十个式子，组成从1到50各数。从51到100的各数，因限于篇幅，不再列举，读者仿照所举各式，可以自己写出。又若用五个5字、六

个6字、七个7字等，也都可以仿上法列式表出各数，读者若感兴趣，不妨加以研究。

$$\left(\frac{4}{4}\right)^{4-4}=1 \quad \frac{4!}{\sqrt{4}}\div\frac{4!}{4}=2,$$

$$\frac{4!}{\sqrt{.\dot{4}}}\div\frac{4!}{\sqrt{4}}=3 \quad \sqrt{4}+4!\div\frac{4!}{\sqrt{4}}=4,$$

$$\frac{\sqrt{4}}{.4}\times\frac{4}{4}=5 \quad \frac{4!}{.4}\div\frac{4}{.4}=6,$$

$$\frac{4!+4}{\sqrt{(4\times4)}}=7 \quad \frac{\sqrt{4}}{.4}+\sqrt{\frac{4}{.\dot{4}}}=8,$$

$$\frac{4!}{\sqrt{4}}-\sqrt{\frac{4}{.\dot{4}}}=9 \quad \frac{4}{.\dot{4}}+\frac{4}{4}=10,$$

$$\frac{4!}{4}+\frac{\sqrt{4}}{.4}=11 \quad (4+\sqrt{4})(4-\sqrt{4})=12$$

$$\frac{4}{.4}+(\sqrt{4}\div\sqrt{.\dot{4}})=13 \quad \frac{\frac{4}{.4}-\sqrt{.\dot{4}}}{\sqrt{.\dot{4}}}=14,$$

$$\frac{(4+\sqrt{4})!}{\sqrt{4}+4!}=15 \quad \frac{\frac{4}{.4}+\sqrt{.\dot{4}}}{\sqrt{.\dot{4}}}=16,$$

$$\frac{\frac{4!}{\sqrt{4}}-\sqrt{.\dot{4}}}{\sqrt{.\dot{4}}}=17 \quad \frac{(4+\sqrt{4})\sqrt{4}}{\sqrt{.\dot{4}}}=18,$$

$$\frac{\frac{4!}{\sqrt{4}}+\sqrt{.\dot{4}}}{\sqrt{.\dot{4}}}=19 \quad 4\times4+\sqrt{(4\times4)}=20,$$

$$\frac{4!}{\sqrt{4}}+\frac{4}{.\dot{4}}=21 \quad \frac{\sqrt{4}\times4!-4}{\sqrt{4}}=22,$$

$$\frac{4}{.4\times.4}-\sqrt{4}=23 \quad \sqrt{4}\times(4+4+4)=24,$$

$$\frac{4\times 4+\sqrt{.\dot{4}}}{\sqrt{.\dot{4}}}=25 \quad \frac{\sqrt{4}\times 4!+4}{\sqrt{4}}=26,$$

$$\frac{4}{.4\times .4}+\sqrt{4}=27 \quad \frac{\frac{4!}{\sqrt{4}}+.\dot{4}}{.\dot{4}}=28,$$

$$\frac{4}{.4\times .4}+4=29 \quad \frac{4!-4}{.\dot{4}}\times\sqrt{.\dot{4}}=30,$$

$$4!+\frac{\sqrt{4}}{.4}+\sqrt{4}=31 \quad \frac{41-\sqrt{4}-\sqrt{.\dot{4}}}{\sqrt{.\dot{4}}}=32,$$

$$\frac{4!+\sqrt{.\dot{4}}}{\sqrt{.\dot{4}}}-4=33 \quad \frac{4!-\sqrt{4}+\sqrt{.\dot{4}}}{\sqrt{.\dot{4}}}=34,$$

$$4!+\frac{4+.4}{.4}=35 \quad \frac{4!-.4\times 4!}{.4}=36,$$

$$\sqrt{4}+\frac{4!-\sqrt{.\dot{4}}}{\sqrt{.\dot{4}}}=37 \quad \frac{4!+\sqrt{4}-\sqrt{.\dot{4}}}{\sqrt{.\dot{4}}}=38,$$

$$\frac{4\times 4-.4}{.4}=39 \quad 4!+4+\frac{4!}{\sqrt{4}}=40,$$

$$4+\frac{4!+\sqrt{.\dot{4}}}{\sqrt{.\dot{4}}}=41 \quad \frac{4!}{\sqrt{.\dot{4}}}+4+\sqrt{4}=42,$$

$$\frac{4!-4}{.\dot{4}}-\sqrt{4}=43 \quad \frac{4!}{.\dot{4}}-\frac{4}{.4}=44,$$

$$\frac{\sqrt{4}\times 4!}{.4+\sqrt{.\dot{4}}}=45 \quad \frac{4!-4+.\dot{4}}{.\dot{4}}=46,$$

$$\frac{4\times 4!-\sqrt{4}}{\sqrt{4}}=47 \quad \frac{4!}{\sqrt{.\dot{4}}}+\frac{4!}{\sqrt{4}}=48,$$

$$\frac{4!}{.\dot{4}}-\frac{\sqrt{4}}{.4}=49 \quad \frac{\sqrt{4}}{.4}\times\frac{4}{.4}=50。$$

29.乘算奇观　除题中的一种解答外，还有下面的五种：

（1）$8\times473=3784$ （2）$9\times351=3159$,

（3）$21\times87=1827$ （4）$27\times81=2187$

（5）$35\times41=1435$

30.乘算奇观

（1）截9801为两段，则 $98+1=99$ $99^2=9801$

（2）截2025为两段，则 $20+25=45$ $45^2=2025$

31.奇异的数

（1）$1680+1=1681=41^2$ $1680\times\frac{1}{2}+1=841=29^2$

（2）$57120+1=57121=239^2$

$57120\times\frac{1}{2}+1=28561=169^2$

（3）$1940448+1=1940449=1393^2$

$1940448\times\frac{1}{2}+1=970225=985^2$

32.数字成方 其余三法见图7。

2	1	9
4	3	8
6	5	7

2	7	3
5	4	6
8	1	9

3	2	7
6	5	4
9	8	1

图 7

33.一数分两数 设以x、y代这两数，得方程式

$$x-y=x^2-y^2$$

$\because$ $x-y=(x+y)(x-y)$

$$\therefore \qquad x+y=1$$

于是知道所求的某数是1。凡两数的和等于1的，它们的差一定等于它们平方的差。例如

$$\frac{2}{3}+\frac{1}{3}=1$$

$$\frac{2}{3}-\frac{1}{3}=\left(\frac{2}{3}\right)^2-\left(\frac{1}{3}\right)^2$$

其他如$\frac{4}{5}$和$\frac{1}{5}$，$\frac{4}{7}$和$\frac{3}{7}$，$\frac{1}{4}$和$\frac{3}{4}$等，答案无穷多个。

34.六桶酒　因为某甲所买的总斤数是某乙的2倍，所以卖出的五桶酒的总斤数一定是3（即2+1）的倍数。我们考察15，31，16，19，20，18六类斤数，知道仅有除去20外的五数之和，才能是3的倍数。又因

$$31+16+19=(15+18)\times 2$$

所以甲的三桶的斤数是31，16和19。乙的两桶的斤数是15和18，酒商留下一桶的斤数是20。

35.抽屉难题

*A*柜有一答案：

$$\begin{array}{r} 107 \\ 249 \\ \hline 356 \end{array}$$

*B*柜有三答案：（1）$\begin{array}{r} 134 \\ 586 \\ \hline 720 \end{array}$　（2）$\begin{array}{r} 134 \\ 568 \\ \hline 702 \end{array}$　（3）$\begin{array}{r} 138 \\ 269 \\ \hline 407 \end{array}$

C柜有两答案：（1）$\begin{array}{r}235\\746\\\hline 981\end{array}$ （2）$\begin{array}{r}657\\324\\\hline 981\end{array}$

36.十数连环 如图8所示，第一组是715，第二组是46，第三组是32890，恰得

$$715\times46=32890$$

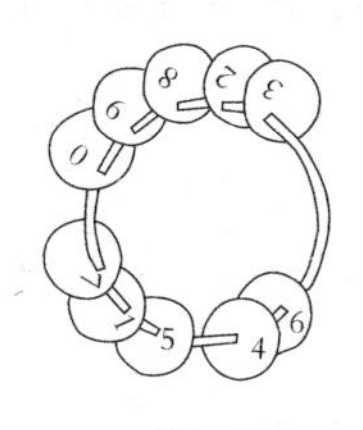

图 8

37.九桶油 最简单的方法只要搬移五次，排列成如下的顺序：

2　78　156　39　4

38.排数成环 因$A^2+B^2=F^2+G^2$，故移项可得

$$A^2-F^2=G^2-B^2$$

同理，　$G^2-B^2=C^2-H^2=I^2-D^2=E^2-K^2$

但　$A^2-F^2=16^2-8^2=19^2$

故　$G^2-B^2=C^2-H^2=I^2-D^2=E^2-K^2=19^2$

即 $(A+F)(A-F)=(G+B)(G-B)=(C+H)(C-H)$

$=(I+D)(I-D)=(E+K)(E-K)=192$。

分192成两个因数，计有下列的六种方法：

$$24\times8\quad 16\times12\quad 64\times3\quad 96\times2\quad 48\times4\quad 32\times6$$

其中除第一种24×8恰和 $(A+F)(A-F)=(16+8)(16-8)$ 相符，第二种16×12恰和 $(G+B)(G-B)=(14+2)(14-2)$ 相符，第三种64×3不适用外，可假定

$$C+H=96\quad G-H=2 \tag{1}$$

$$I+D=48\quad I-D=4 \tag{2}$$

$$E+K=32\quad E-K=6 \tag{3}$$

由（1）得
$$C=\frac{96+2}{2}=49$$

$$H=\frac{96-2}{2}=47$$

由（2）得
$$I=\frac{48+4}{2}=26$$

$$D=\frac{48-4}{2}=22$$

由（3）得
$$E=\frac{32+6}{2}=19$$

$$K=\frac{32-6}{2}=13$$

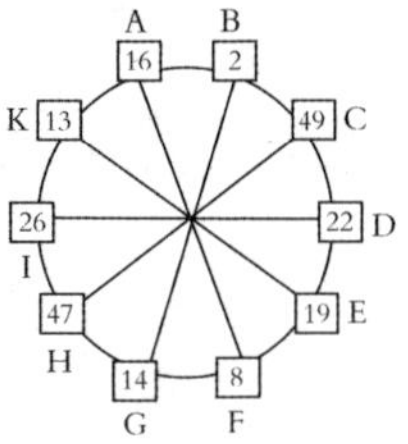

图 9

于是得如图9所示的答案。

39.渔翁趣话　这渔翁实际一条鱼也没有捕到，所说无头的六，即6字无头是0；无尾的九，即9字无尾也是0；八的一半，即8字的上半或下半，仍旧是0。

二　生产和买卖

问　题

40.增植棉花　某农业社种植棉田，遵照实验农场的指示，要获得最高的产量，各株间常保持1尺的距离。农业社最小的一块棉田，是一个每边9尺9寸的正方形，依规定整整种了100株，如图如（a）所示。

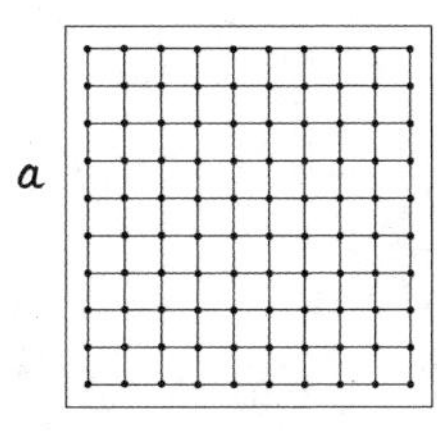

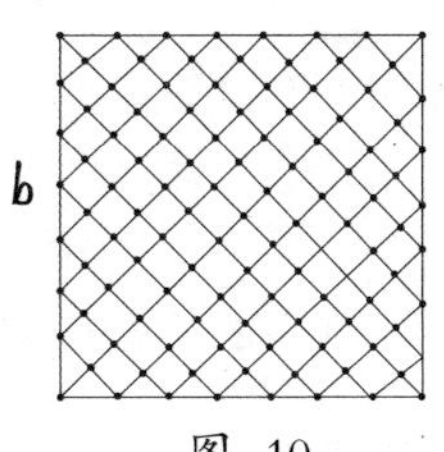

图　10

在第二年，农业社社员们觉得这块棉田的四边还有一些余地，虽然不满1尺宽，不能加种一行或一列，但还可以设法利用。于是改变排列的方法，把原来纵横方向的行列，改成了对角线的方向，就种下了113株，如图10（b）所示。这时四条边上各种8株，因为这8株中每相邻两株的间隔，是边长1尺的正方形的对角线，根据“商高定理”（即我们现在所讲的“勾股定理”，直角三角形的两条直角边平方的和，等于斜边的平方），知道每个间隔的长是

$$\sqrt{1^2+1^2}=\sqrt{2}=1.414\cdots\text{尺}$$

8株中有7个间隔，共长

$$1.414\cdots\times 7=9.898\cdots\cdots\text{尺}$$

差不多是9尺9寸，所以已经种到田边，无法再增加了。

在第三年，社员们对这样的种法还不满意，重新计算了一下，发现了一个更好的方法。不但可以继续增加株数，种到120株，而且在四边还留下几寸闲的余地。请问应该怎样排列，才能达到这个目的？

41.节约增产　某工厂厉行节约，每天在若干项开支里省下一定的元数，预计积满一年（365天）后，可购每台312元的某种机器若干台，尚余1元。问：这工厂每天节省多少元？一年后可购这种机器多少台？（已知这两数都是小于一百的整数）

42.工人运瓦　某建筑工人搬运瓦片，为了提高工作效率，每次比原定多运15片，结果共运瓦6900片，比原定少运9次。问：这工人原定每次运几片？现在每次运几片？

43.生产竞赛　甲、乙两纱厂举行生产竞赛，开始时两纱厂的生产量相等，甲纱厂每月生产细纱2000件，以后每月

递增400件；乙纱厂每半月生产1000件，以后每半月递增100件。问：哪一家纱厂获得优胜？

44.陶工制坯　某陶器工场有19位制坯工人，每人都制两种土坯，一种是4斤重的瓶，另一种是3斤重的壶。有一天，19位工人共制土坯100件，其中瓶和壶都有。每一人所制的恰巧都重19斤。问：瓶和壶的总数各多少？各人所制的瓶和壶又是多少？

45.卖牲口　某畜牧场养牛、羊、猪若干头，把它们混合后分为5群，每群的牲口数相等，分别养在五所畜舍里。后把这些牲口全数卖给8个农业社，每农业社所得的牲口数也相等。已知牛每头价170元，羊每头价20元，猪每头价40元，共卖得3010元。问：最初所有的牲口至多能有多少？牛、羊、猪各多少？

46.交换牲口　甲、乙、丙三人各带牲口若干头，到牧场上去放牧，甲对乙说："如果把我的6头猪和你的1匹马交换，那么你所有的牲口数是我的2倍。"丙又对甲说："如果把我的14只羊和你的1匹马交换，那么你所有的牲口数是我的3倍。"乙又对丙说："如果把我的4头小牛和你的1匹马交换，那么你所有的牲口数是我的6倍。"你知道三人原有的牲口数吗？

47.三种蛋　某人养了许多鸡、鸭和鹅，每日把生下的蛋拿去卖。这三种蛋的价格是：鹅蛋每个9分，鸭蛋每个6分，鸡蛋每个5分。现在收到6元，卖蛋100个，这100个蛋里三种蛋都有，且有两种蛋的个数相同，试求卖出各种蛋的个数。

48.养鸡得蛋　某人养母鸡5只，在5天内共生蛋5个。照这样的比例，如果要想在100天内得蛋100个，问：需养母鸡几只？

49.卖蛋奇语　养鸡的人把鸡蛋放在篮子里，到市上去卖，后提了空篮回家，有人问他："今天卖出多少蛋？"他说："我今天提篮出门，先到一家，卖出篮中所有蛋的一半，又半个；第二次到另一家，卖出篮中所余蛋的一半，又半个；第三次再到一家，仍卖出篮中所余蛋的一半，又半个，这时我的篮子就空了。"因为蛋绝不能卖半个，所以听的人觉得很奇怪，那么这人一共卖出多少蛋呢？

50.用钱妙算　某人拿1元纸币若干张，到市上去买东西。第一次用去所有纸币的$\frac{1}{2}$多1张，第二次用去余下的$\frac{1}{2}$多2张，第三次又用去所余的$\frac{1}{2}$多3张，回家时还剩纸币1张。求最初所有纸币的张数是多少。

答 案

40.增植棉花 这个农业社第三年所采取的方法是排列成正三角形，计分12列，每列10株，如图11所示。因为每相邻两列间的距离等于每边1尺的正三角形的高，所以从商高定理可求得这距离是

$$\sqrt{1^2-\left(\frac{1}{2}\right)^2}=\sqrt{\frac{3}{4}}=0.866\cdots\cdots\text{尺}$$

12列有11个间隔，共长0.866……×11=9.526……尺，所以上下两边还有3寸多宽的余地。又每列10株，从第一株到第十株全长虽仅9尺，但因每相邻两列是交错排着的，后一列必较前一列向一边伸出5寸，所以全长应作9尺5寸计，左右两边一共还有4寸宽的余地。

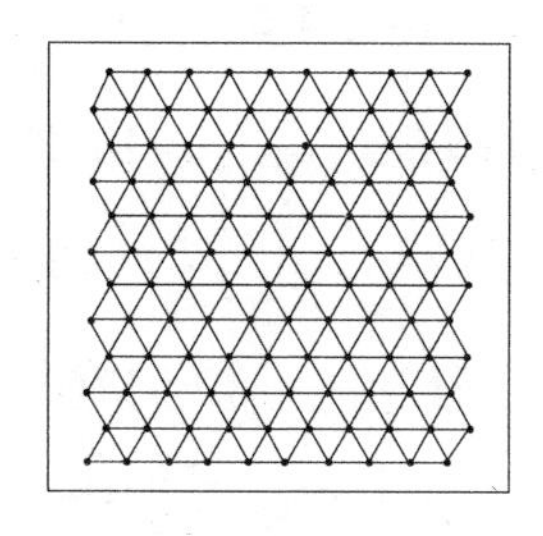

图 11

41.节约增产　设每天节省x元，一年后可购这种工作机器y台，则得不定方程式如下：

$$365x=312y+1$$

化得　$y=\frac{365x-1}{312}=x+\frac{53x-1}{312}$

因为x和y都是整数，所以$\frac{53x-1}{312}$也是整数。

设$\frac{53x-1}{312}=m$

则 $y=x+m$，而$x=\frac{312m+1}{53}=5m+\frac{47m+1}{53}$

设 $\frac{47m+1}{53}=n$ 则 $x=5m+n$

而$m=\frac{53n-1}{47}=n+\frac{6n-1}{47}$设 $\frac{6n-1}{47}=p$ 则 $m=n+p$

而 $n=\frac{47p+1}{6}=7p+\frac{5p+1}{6}$

设 $\frac{5p+1}{6}=q$则 $n=7p+q$而$p=\frac{6q-1}{5}=q+\frac{q-1}{5}$

设 $\frac{q-1}{5}=r$ 则 $p=q+r$ 而 $q=5r+1$

于是知$p=q+r=(5r+1)+r=6r+1$

$$n=7p+q=7(6r+1)+(5r+1)=47r+8$$

$$m=n+p=(47r+8)+(6r+1)=53r+9$$

$$x=5m+n=5(53r+9)+(47r+8)=312r+53$$

$$y=x+m=(312r+53)+(53r+9)=365r+62$$

因r是整数，故可用任何整数值代入而得x和y的值。但

因x和y都小于100，故仅有$r=0$时，所得x和y的值才能适用，即

$$x=53 \quad y=62$$

于是知道这工厂每天节省53元，一年后可购这种机器62台，尚余1元。

42.工人运瓦 设原定每次运瓦x片，现在每次运瓦y片，依题意得联立方程

$$\begin{cases} y-x=15 \\ \dfrac{6900}{y}=\dfrac{6900}{x}-9 \end{cases}$$

解得 $x=100$，$y=115$。

即原定每次运瓦100片，现在每次运瓦115片。

43.生产竞赛 这一个问题，初看乙纱厂每半月递增100件，每月只递增200件，但甲纱厂则每月递增400件，一定是甲纱厂获胜，其实完全错了。我们把这两家纱厂在开始的三个月里的生产量列成下表：

	第一月		总计	第二月		总计	第三月		总计
	上半月	下半月		上半月	下半月		上半月	下半月	
甲纱厂	1000	1000	2000	1200	1200	2400	1400	1400	2800
乙纱厂	1000	1100	2100	1200	1300	2500	1400	1600	2900

可见乙纱厂在第一个月的生产量已比甲纱厂多100件，以后按月多100件，经过3个月，乙纱厂的生产总量已比甲纱

厂多300件，所以无论经过多长时间，乙纱厂总能获胜。

44.陶工制坯　设所制瓶的总数是x件，壶是y件，则

$$\begin{cases}x+y=100\\4x+3y=19\times19\end{cases}$$

解得　$x=61$　$y=39$

即共制瓶61件，壶39件。

又因两种土坯共重19斤，分配的方法仅有下列两种：

（1）瓶1件，壶6件，共计6件；

（2）瓶4件，壶1件，共计5件。

设制坯6件的人数是m，制坯5件的人数是n，则

$$\begin{cases}m+n=19\\6m+5n=100\end{cases}$$

解得　$m=5$　$n=14$

即制瓶1件、壶5件的有5人；制瓶4件、壶1件的有14人。

45.卖牲口　因为这畜牧场所有的牲口可以分成相等的5群，所以牲口数是5的倍数。又因8个农业社所得的牲口数相等，所以牲口数又是8的倍数。于是牛、羊、猪的总数一定是40的倍数。从题意知道最大的数应该是40×3=120，因为如果总数是40×4=160头，那么即使全部是最便宜的羊，也要价值20×160=3200元，现在只值3010元，所以显然是不成立的。既然最大的数是120头，那么牛、羊、猪的数可利用不

定方程式求得有下列的两种:

(1)牛1, 羊96, 猪23; (2)牛3, 羊109, 猪8。

又最初称有牛、羊、猪各一群, 所以牛当然不止1头, 于是知道(2)是正确答案。

46.交换牲口　设三人原有的牲口数甲是x, 乙是y, 丙是z, 依题意得联立方程式

$$\begin{cases} y-1+6=2(x-6+1) \\ x+14-1=3(z+1-14) \\ z+4-1=6(y+1-4) \end{cases}$$

解得　$x=11$　$y=7$　$z=21$

即甲有牲口11头, 乙有牲口7头, 丙有牲口21头。

47.三种蛋　设卖出的鸡蛋是x个, 鸭蛋是y个, 鹅蛋是z个。因其中有两种的个数相同, 即$x=y$, 或$x=2$, 或$y=z$, 故先设$x=y$, 得联立方程式

$$2x+z=100 \quad \frac{5+6}{2}\times 2x+9z=600$$

解得$x=42\frac{6}{7}$。因蛋数不能是分数, 故$x=y$不适用。

同理, 设$x=z$, 则$x=0$, 也不适用。

于是设$y=z$, 则得联立方程式

$$2z+x=100 \quad 15z+5x=600$$

解得　$z=20$　$x=60$

即鹅蛋和鸭蛋都是20个, 鸡蛋是60个。

48.养鸡得蛋 本题的答案，易得出错误答案100只鸡，实际仍养鸡5只。因为5天内共生蛋5个，平均计算这5只鸡每天合生一蛋，所以仍用这5只鸡，所生蛋的总数，常和经过的天数相等。

49.卖蛋奇语 这人共有蛋7个，第一次卖出4个，第二次卖出2个，第三次买出1个。可用还原算法求之如下：

因为第三次卖出所余的一半又0.5个而恰尽，所以这0.5个也就是第二次所余的一半，于是第二次所余的是$0.5\times2=1$个。

又因第二次卖出所余的一半又0.5个而余1个，所以$0.5+1=1.5$个是第一次所余的一半，第一次所余的是$1.5\times2=3$个。

最后，因第一次卖出原有蛋的一半又0.5个而余3个，所以$0.5+3=3.5$个是原有蛋的一半，由此得原有蛋是$3.5\times2=7$个。

50.用钱妙算 用还原的算法，易于求出最初所有的纸币是42张。

三　巧算时间

问　题

51.时钟猜数　甲对乙说："你任意想一个数，但必须是不大于12的整数。"乙说："我已经想好了。"甲说："你再在时钟面上任意指一个钟点。"乙说："我指在5点钟上。"甲说："你指在这一个钟点上时，心中暗念你所想的数，从此依时针所走的相反方向一个一个钟点指过去，每指一次，就在暗念的数上加1，这样直指到暗念的数加满17为止，这时你告诉我指到的钟点数，我就可以猜到你原先所想的数。"乙依甲的话，随指随念，最后说："我念到17，所指的是3点钟。"甲说："那么你最初想的数一定是3。"乙说："不错。"请问甲是用什么方法猜到的？

52.双针一线　下午两点多钟，时钟上的时针和分针忽成一直线，即所指的方向恰相反，试求这时候的精确时间是几点。

53.两针相遇　假定有一只极精确的时钟，在某一时刻时针和分针恰巧相遇，同时秒针刚指过49秒，问：这是什么时刻？

图 12

54.秒针奇遇　甲对乙说："现在将到正午，我们的钟忽然停了。"乙说："奇怪得很，秒针刚好指在时针和分针的正当中（见图12）。"甲说："我有一个问题，你能回答吗？"乙说："请问是什么问题？"甲说："假使这只钟不停，那么下一次秒针在其余两针的正当中，应该是什么时候呢？"乙回答不出来，读者能代他回答吗？

55.两针换位　图13的时钟所示的时间是4点42分，如果到8点23的时候，那么分针恰和时针互换位置。读者试计算从下午3点钟到半夜12点钟，钟上两针互换位置几次，每次互换位置，先后的两个时刻各是几点。

图 13

56.三只时钟　在公元1898年四月一日的正午，有人把甲、乙、丙三只时钟上的各针都放在正12点处，到第二天的正午去查看一下，甲钟所指的时间恰为正12点，而乙钟则指11点

59分，丙钟则指午后1分，各和甲钟相差1分。假使这三只钟永远不停，速度又永远不变，那么这三只钟上的针是否还能同时指在正12点处？如果能，那么在何年何月何日何时？

57.现在何时　甲问乙说："现在是什么时刻？"乙说："从正午到现在时间的$\frac{1}{4}$，加上从现在到明天正午时间的$\frac{1}{2}$，所得的时刻恰巧是现在的时刻。"读者知道这是什么时刻吗？

58.时刻趣算　某校规定每日在下午6点钟吃晚饭，从下课到吃晚饭相隔的时间，恰巧是从3点钟到下课前60分钟相隔时间的$\frac{1}{4}$。求下课的时间是几点。

59.日期奇答　甲问乙说："今天是星期几？"乙的回答很奇妙，恐怕读者也要被他迷惑。他说："如果把后天当作昨天，那么今天和星期日的距离，等于把前天当作明天时，今天和星期日的距离。"你知道今天是星期几吗？

答　案

51.时钟猜数　设乙所想的数是x，所指的钟点数是a。

因为时钟上的钟点数是顺次排列的，所以从a点钟依时针所走的反方向指过去，如果心中念1，2，3……而到a为止，那么最后一定指在1点钟；如果从2念起，逐次加1而到a，那么最后一定指在2点钟，依此类推，从3念起，念到a就指在3点钟；从x念起，念到a就指在a点钟。但在x大于a时，需从x念起，念到a+12，也会指在x点钟，所以乙告诉给甲的最后所指的钟点数，就是乙原先所想的数。

52.双针一线　因钟面的圆周分成60个相等的刻度，分针走过12个刻度，时针只走过1个刻度，所以知道分针每走12个刻度，可比时针多走11个刻度。当下午2点钟时，分针在时针后10个刻度，现在两针成一直线，即分针已在时针前30个刻度。可见分针在从2点钟起到两针成为直线的一段时间里，可比时钟多走40个刻度。设这一段时间是x分，即分针走了x个刻度，得比例式

$12:11=x:40$，　解得　$x=\frac{12\times 40}{11}=43\frac{7}{11}$。

即所求的时刻是2点$43\frac{7}{11}$分。

53.两针相遇　在12点钟的时候，时针和分针恰巧相遇。以后在1点到2点之间，2点到3点之间，3点到4点之间……10点到11点之间，又各有一次相遇，共计在12个钟点里面相遇11次。于是以11除12点钟，得1点5分$27\frac{3}{11}$秒，这就是12点

钟以后时针和分针第一次相遇的时刻，以2，3，4……10依次乘上数得：第二次相遇在2点10分$54\frac{6}{11}$秒；第三次相遇在3点16分$21\frac{9}{11}$秒；第四次相遇在4点21分$49\frac{1}{11}$秒……第十次相遇在10点54分$32\frac{8}{11}$秒（刚正12点钟的时候，认作是第十一次相遇）。观察这许多时刻，知道秒针刚指过49秒的是在第四次相遇，即4点21分$49\frac{1}{11}$秒。

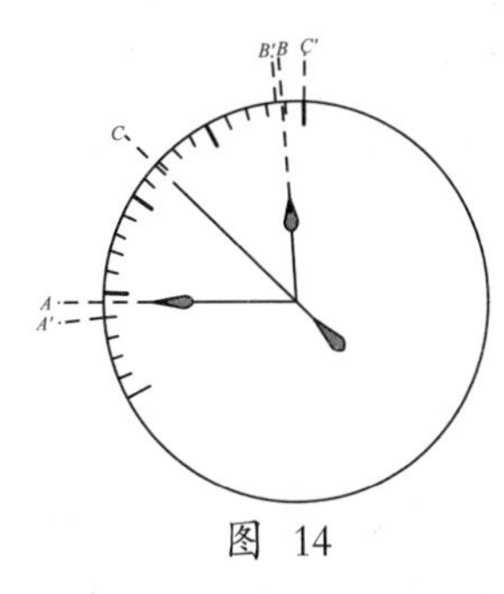

图 14

54.秒针奇遇 从图可见分针指在44分和45分之间，时针指在11点钟和12点钟之间。当分针指在44分（即如图14所示的A'处）的时候，秒针正指在12点钟的地方（即C'处），而秒针、分针和时针的速度的比是$1:\frac{1}{60}:\frac{1}{720}$，或$60:1:\frac{1}{12}$，可知时针必指在

$44分\times\frac{1}{12}+55 \quad =58\frac{2}{3}$ 的地方（即B'处）。

这时候时针和分针间的距离（即$A'B'$）是

$$58\frac{2}{3}分-44分=14\frac{2}{3}分$$

即$14\frac{2}{3}$个刻度。设秒针刚好在其余两针的正当中，即秒针恰巧平分时针和分针所夹的角，是在11点44分的后x秒，那么在这x秒的时间里，秒针从C'到C，经x个刻度；分针从A'到A，经$\frac{x}{60}$个刻度，时针从B'到B，经$\frac{x}{720}$个刻度。

但从C'到A'是44个刻度，从A'到B'是$14\frac{2}{3}$个刻度，故从A到C是$\left(x-44-\frac{x}{60}\right)$个刻度，从$A$到$B$是$\left(14\frac{2}{3}-\frac{x}{60}+\frac{x}{720}\right)$个刻度。于是得方程式

$$x-44-\frac{x}{60}=\frac{1}{2}\left(14\frac{2}{3}-\frac{x}{60}+\frac{x}{720}\right)$$

解得 $$x=51\frac{1143}{1427}$$

即钟停的时候是11点44分$51\frac{1143}{1427}$秒

仿上法，可求得下次秒针再平分时针和分针的夹角，是在11点46分$51\frac{496}{1427}$秒。

55.两针换位 设如图15（a）所示的是所求的钟针位置之一，其时刻是x点y分。这时分针在距离标12的一点y刻度的地方，时针则在离12的一点z刻度的地方。现在先来确定x、y和z三数间的关系。我们从12点钟时针和分针都在12上的时候算起，既然现在是x点y分，那么分针已经转了x个整圈又y个刻度，即一共走过$60x+y$个刻度。因时针在同时间里走过的距离只有分针的$\frac{1}{12}$，又时针从12点走到x点y分共走了z刻度，所以

$$z=\frac{60x+y}{12}$$

在两针的位置互换后，假定所指的时间是x_1点z分，如图15（b），那么时针离12有y个刻度，综上所述，可得

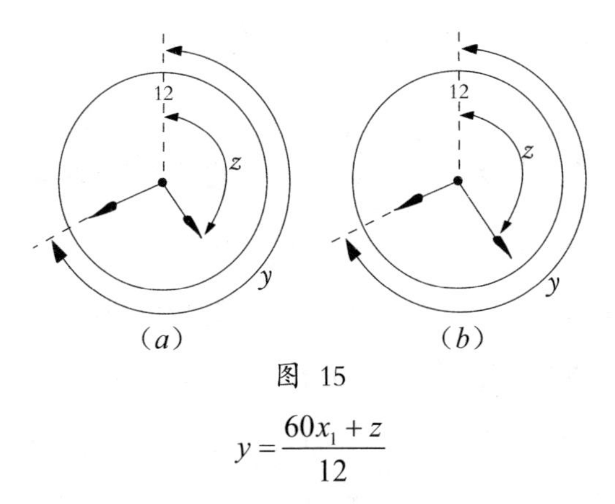

（a）　　（b）

图 15

$$y = \frac{60x_1 + z}{12}$$

这样一来，我们有了一对带有四个未知数的方程式，其中的x和x_1是从0起到11止的整数（x和x_1虽然也可以是12，但因和0有同样意义，可说是重复的了）。

要想求得这些未知数的数值，必须把这两个方程式化作以x和x_1表达y和z的另一种形式，即用交互替代的方法，可得

$$y = \frac{60(x + 12x_1)}{143} \qquad z = \frac{60(x_1 + 12x)}{143}$$

式中的x和x_1是表示钟点的整数，它们的值是

$$x=0,\ 1,\ 2,\ 3\cdots\cdots11$$

$$x_1=0,\ 1,\ 2,\ 3\cdots\cdots11$$

用这些数值代入前式，可以算出所求的时刻。因为x的12个数值中的每一个都可以和x_1的12个数值相配，所以初看似乎应有12×12=144种不同的解答。但在事实上，因x和x_1

都等于0或都等于11时，钟针的位置一样，所以只有143种解答。

在本题里，x和x_1的数值都只能是从3到11的9种，互相配合起来，共计有9×9=81种。但其中x和x_1是同数的9种两针互相重叠的时刻，应该除去，尚余81–9=72种。又因在这72种时刻中，每两种的钟针位置恰成互换，所以从下午3点钟到半夜12点钟的一段时间里，钟上两针互换位置共行72÷2=36次。第一次换位的先后时间，是以$x=3$，$x_1=4$和$x=4$，$x_1=3$代入前式，所得的3点$21\frac{57}{143}$分和4点$16\frac{112}{143}$分；最后一次换位的先后时间，是以$x=10$，$x_1=11$和$x=11$，$x_1=10$代得的10点$9\frac{83}{143}$分和11点$54\frac{133}{143}$分。中间各次的时刻，为节省篇幅，不再一一举出。

56.三只时钟　因乙钟比甲钟每1天慢1分，丙钟比甲钟每1天快1分，要使三钟再同时指12点，必须使乙比甲共慢12小时，丙比甲共快12小时。又因12小时共有720分，所以要在720天后三钟才能同指12点。从1898年四月一日正午到1900年四月一日正午计有730天，故知这一天是在1900年四月一日的前10天，即1900年三月二十二日的正午。

也许有人会这样说："1900能以4除尽，这公元1900年应该是闰年，二月份要多1天，上题的答案应是1900年三月二十一日的正午。"其实，这一种说法是错误的。因为公元的年数能以4除尽的，虽一般都是闰年，但若是100的倍数，则虽能以4除尽也不是闰年，必须能以400除尽才是闰年。现在1900是100的倍数，虽能以4除尽，但不能以400除尽，所以不是闰年。

57.现在何时　设从正午到现在的时间是x小时，则从现在到明天正午的时间是（24–x）小时。得方程式

$$\frac{1}{4}x+\frac{1}{2}(24-x)=x$$

解得$x=9\frac{3}{5}$，即现在的时刻是下午9点36分。

58.时刻趣算　设从下课到吃晚饭相隔的时间是x分，因3点钟距离6点钟是180分，故得方程式

$$a=\frac{1}{4}(180-50-x)$$

解得x=26，故知下课的时间是6点钟的前26分，即5点34分。

59.日期奇答　今天一定是星期日，因为把后天（星期二）当作昨天的今天是星期三，把前天（星期五）当作明天的今天是星期四，星期三和星期日的距离是2天，星期四和星期日的距离也是2天。

四　路程和速度

问　题

60.猫狗赛跳　马戏里有一个猫狗赛跳的节目，假定猫每秒钟跳3次，每次跳2尺；狗每秒钟跳2次，每次跳3尺。今在距出发点100尺远的地上画一条白线，令猫、狗同向前跳，抵达白线后立即跳回。问：哪一个先回到原处？

61.一篮橘子　父亲买了一篮橘子，哥哥数了一下，共计50个。他对弟弟说："假定我把这些橘子都放在地上排成一直线，第一橘距第二橘1尺，第二橘距第三橘3尺，第三橘距第四橘5尺，第四橘距第五橘7尺……依此类推，每隔一橘就递加2尺。排好后把空篮放在第一橘的近旁，然后你把这些橘子都拾还篮中。规定从第一橘拾起，依次拾到第五十橘为止，每次只拾一橘，需放回篮中后再去拾后面一橘。那么你必须走多少路程，才能拾完这50个橘子？"弟弟回答不出，要请读者代他解决。

62.准时到会　某村农民要到城区开会，开会时间为下午6时。他们在约定的出发时间估计了一下，如果每小时行15里，则在开会前1小时就可到达；如果每小时行10里，则必将迟到1小时。问：每小时应该行几里，才能不先不后，准时到会？又约定的出发时间是什么时刻？这村离城多少里？

63.平均速度　某帆船从甲地驶向乙地，恰遇顺风，每小时行15里；又从乙地回归甲地为逆风，每小时只行10里。问：这帆船往返间的平均速度每小时多少里？

64.两车速度　甲、乙两车同时从东、西两地相向行驶，相遇后甲经1小时抵达西地，乙经4小时抵达东地。求两车速度的比。

65.三村距离　有甲、乙、丙三村，甲村和乙村间有一条直路相通，路上有塔一座。从丙村到塔的路是从丙村到这直路上的最近的路，计长12里。又这塔距甲村9里，从乙村到丙村没有直接的路，必须经过这塔才能达到，路程是28里。求三村间的距离。

66.登山速度　采茶的人每天上山采茶，上山时每小时行1.5里，下山时每小时行4.5里。有一天，这人想计算他的平均速度，于是从山麓到山顶，再从山顶回到山麓，计行6小时。试计算他的平均速度。

67.赶乘火车 某村距离火车站12里，全程的三分之一是上山的路，三分之一是下山的路，另外三分之一是平原。此村某人在下午2时出发去车站，想乘3时30分的火车。临行时对他家里的人说："我准备用每小时4里的速度上山，每小时12里的速度下山，每小时8里的速度走过平原，这样的平均速度为每小时8里，走12里需一个半小时，我可以恰巧在3时30分到站，不至于误事。"请问这人是不是果真能按时到站，乘到火车？

68.自行车竞赛 甲、乙两人比赛自行车，往返于12里长的一条马路。甲说："我可以用每小时10里的速度，往返于这马路，速度始终不变。"乙说："我却不是这样，我往时每小时只行8里，返时则可行12里。"问甲、乙两人是否能同时回到出发点？

69.五人赛跑 甲、乙、丙、丁、戊五人在运动场上赛跑，甲10分钟里所走的路，乙走却要10分30秒；乙14分钟里所走的路，丙走却要16分24秒。又丙、丁的速度的比是12∶11；丁、戊的速度的比是6∶5。现在丁、戊两人从同地出发，环场反向而行，丁在戊出发后1分30秒后启行，经4分36秒而与戊相会。问：甲环行一周需几分钟？

答　案

60.猫狗赛跳　由题可知，猫、狗每秒钟都能跳6尺，速度相等，就应该同归原处，但实际却完全不对。因为狗一跳3尺，到第33跳时只99尺，所以必经34跳，越过白线2尺才能回头，往返共68跳。猫则跳50跳正抵白线，往返共计100跳。算一算时间，狗要费$68\div2=34$秒，猫只费$100\div3=33\frac{1}{3}$秒，所以猫先归原处。

61.一篮橘子　哥哥所说这50个橘子放置的方法，如图16所示。从图可见第一橘和第二橘的距离的尺数是1=12，第一橘和第三橘的距离是$1+3=4=2^2$，第一橘和第四橘的距离是$1+3+5=9=3^2$，第一橘和第五橘的距离是$1+3+5+7=16=4^2$，由此推知第一橘和第五十橘的距离是49^2。拾第一橘所走路的尺数是0，拾第二橘再放到篮里所走路的尺数是2×1^2，拾第三橘再放到篮里所走路是2×2^2，拾第四橘走路2×3^2，拾

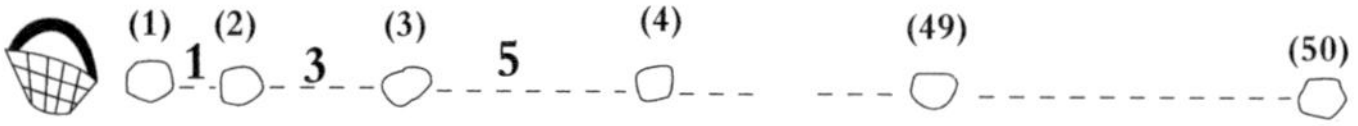

图 16

第五橘走路2×4^2，由此推到拾第五十橘所走的路是2×49^2。所以共走的路的尺数是

$$2(1^2+2^2+3^2+4^2+\cdots+49^2)$$

利用代数中求自然数的平方和的公式，可得共走路的尺数是

$$2\times\frac{1}{6}\times49\times(49+1)(2\times49+1)=80850$$

即共走路53.9里。

62.准时到会　设这村离城x里，则

$$\frac{x}{15}+1=\frac{x}{10}-1$$

解得$x=60$，即这村离城60里。因由村到城所费的时间是$\frac{60}{15}+1=5$，所以约定的出发时间是下午6−5=1时。又因5时行60里，所以每时行60÷5=12里。

63.平均速度　一般人都易误认作平均速度是12.5里，其实却是12里。例如，甲、乙两地相距60里，则往时需4小时，返时需6小时，往返共行120里，共需10小时，平均速度不是每小时12里吗？

64.两车速度　设在相遇以前所行的时间是x时，那么从东地到相遇处的一段路，甲行x小时，乙行4小时，可见甲、乙速度的比是$4:x$。又因从西地到相遇处的一段路，甲行1小时，乙行x小时，所以甲、乙速度的比又是$x:1$。于是得比例式

$$4:x=x:1$$

解得$x=2$，故甲、乙两车速度的比是$4:2=2:1$。

65.三村距离 甲、乙、丙三村可连成一个三角形，如图17所示，从丙村到甲、乙间直路上塔的距离，是这三角形的高，它将这三角形分成两个直角三角形。从圆易于算得塔和乙村的距离是28−12=16里，甲、乙两村的距离是9+16=25里。又利用商高定理，可得甲、丙二村的距离是$\sqrt{9^3+12^2}=15$里；乙、丙二村的距离是$\sqrt{12^2+16^2}=20$里。

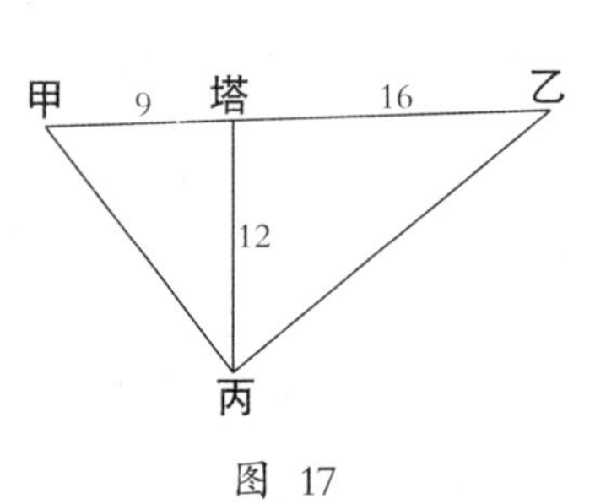

图 17

66.登山速度 欲求平均速度，必先求从山麓到山顶的路程。设从山麓到山顶为x里，则得方程式

$$\frac{x}{1.5}+\frac{x}{4.5}=6$$

解得$x=6.75$，故往返共行$6.75\times2=13.5$里，平均速度是每时$13.6\div6=2.27$里。

67.赶乘火车 因三段路各是4里，上山需1小时，下山需20分钟，走平原需30分钟，共需1小时50分，下午2时出发，需在3时50分才能到站，火车已经开出了20分钟，这人已经乘不到火车了。

68.自行车竞赛 本题的答案很易误作同时回到出发

点，其实甲往返需 $2\frac{2}{5}$ 小时，乙则需 $2\frac{1}{2}$ 小时，所以甲比乙先到。

69.五人赛跑　如果五人走相同的距离，那么所费的时间是各不相同的。他们各人所费时间的关系如下：

乙是甲的10分30秒÷10分=$\frac{21}{20}$；

丙是乙的15分24秒÷14分=$\frac{11}{10}$，即是甲的$\frac{21}{20}\times\frac{11}{10}=\frac{231}{200}$；

丁是丙的$\frac{12}{11}$，即是甲的$\frac{231}{200}\times\frac{12}{11}=\frac{63}{50}$；

戊是丁的$\frac{6}{5}$，即是甲的$\frac{63}{50}\times\frac{6}{5}=\frac{189}{125}$。

所以甲、乙、丙、丁、戊五人行同距离所费时间的比是

$$1:\frac{21}{20}:\frac{231}{200}:\frac{63}{50}:\frac{189}{125}$$

即1000∶1050∶1155∶1260∶1512。

因丁行4分36秒与戊相会，故戊行同距离需

4分36秒×$\frac{6}{5}$=5分$31\frac{1}{5}$秒

戊行一周的时间是

1分30秒+4分36秒+5分$31\frac{1}{5}$秒=11分$37\frac{1}{5}$秒。

又因行同距离甲的时间与戊的时间的比是$\frac{1000}{1512}$，故甲行一周的时间是

11分$37\frac{1}{5}$秒×$\frac{1000}{1512}$=7分×$41\frac{1}{9}$秒

五　年龄问题

问　题

70.寿命的谜　关于古希腊著名数学家丢番都的生平事迹，几乎没有什么记载，我们现在只能从他墓碑上的一段文字，约略知道一点。他的碑文如下：

“过路人！这里埋着丢番都的骨灰，下面的数目可以告诉你他的寿命的长短。他的生命的$\frac{1}{6}$是幸福的童年。再活了一生的$\frac{1}{12}$，颊上长起了粗细的胡须。丢番都结了婚，但是还没有孩子，这样又度过了一生的$\frac{1}{7}$，再过5年，他得了头胎儿子，感到很幸福。可是这孩子活在这繁华世界里的日子，只有他父亲的一半。自从儿子死了以后，这老头儿在深深的悲痛中活了4年，就与世长辞了。请你计算丢番都活到几岁，才脱离尘世。”

71.猜年龄　你如果用3乘你的年龄，再加上6，然后用3

除，把所得的结果告诉我，我可以猜到你的年龄。你知道是怎样的猜法吗？

72.猜年龄　甲对乙说："请你用2乘你出生的月份，再加上5，又用50去乘，在这积数上再加你现在的年龄，最后减去365，把剩下的数告诉我，我可以猜到你的年龄和出生的月份。"乙依甲的话计算了一下，就说："1008。"甲说："你现今是23岁，是11月生的，对吗？"乙说："不错，但是你怎么猜到的呢？请告诉我。"

73.猜年龄　甲对乙说："请你在下面的一张表里查一查，看你的年龄数在哪几行？"乙查了一查说："在第一、第二、第三和第四这四行里都有。"甲说："你一定是15岁了。"请问甲是用什么方法猜到的？这张表是如何制作的？

第一行	第二行	第三行	第四行	第五行	第六行
1	2	4	8	16	32
3	3	5	9	17	33
5	6	6	10	18	34
7	7	7	11	19	35
9	10	12	12	20	36
11	11	13	13	21	37
13	14	14	14	22	38
15	15	15	15	23	39
17	18	20	24	24	40
19	19	21	25	25	41
21	22	22	26	26	42
23	23	23	27	27	43

25	26	28	28	28	44
27	27	29	29	29	45
29	30	30	30	30	46
31	31	31	31	31	47
33	34	36	40	48	48
35	35	37	41	49	49
37	38	38	42	50	50
39	39	39	43	51	51
41	42	44	44	52	52
43	43	45	45	53	53
45	46	46	46	54	44
47	47	47	47	55	55
49	50	52	56	56	56
51	51	53	57	57	57
53	54	54	58	58	58
55	55	55	69	59	59
57	58	60	60	60	60
59	59	61	61	61	61

74.八口之家 一家有兄、弟两人，他们各有一妻、一子、一女。每夫、妻、子、女四人年龄的和都是100岁。又兄和弟各人年龄的平方各等于他们的妻、子、女三人年龄的平方和。但兄的女大他的子2岁，弟的子大他的女1岁。求各人的年龄是多少。

75.父母年龄 儿子问他的母亲：“你的年龄是多少？”母亲说：“我和你父亲连你三人的年龄和是60。”儿子又去问他的父亲：“你的年龄是多少？”父亲说：“我的年龄恰巧是你的6倍。”儿子说：“父亲的年龄有是我年龄2倍的时候吗？”父亲说：“有的，我的年龄是你年龄的2倍时，恰是我们三人年龄的总和是现在年龄总和2倍的时候。”儿子想了半天，还没有算出父母的年龄。试问这三人的年龄各多少？

76.夫妻年龄 甲问乙说：“你妻子今年几岁了？”乙说：“把我的年龄倒过来读，就是我妻的年龄。”甲说：“那么你今年几岁呢？”乙说：“我比我的妻大，我们两人年龄的和等于我们两人年龄的差的11倍。”请问乙夫妻两人的年龄各多少？

77.兄弟年龄 兄弟两人对坐闲谈，兄对弟说：“7年后我们两人年龄的和是69。”弟说：“不错，我还记得你的年龄是我2倍的时候，你恰巧和我现在的年龄相同。”兄笑着说：“我们两人的话，如果被第三者听见，恐怕要莫名其妙哩。”读者知道他们的年龄吗？

78.姐妹年龄 “姐妹两人的年龄和是48。如果妹将来的年龄，3倍于姊当妹的3倍时的姊年龄，那么其时妹的年龄，2倍乎妹为现在姊年之半时的姊年。问：姊和妹各几岁？”这一个难题是我的朋友用来难我的，我好久没有解答出来，要请读者代劳。

79.年龄妙算 某人出外工作，离家时他的兄弟只生了一个女儿，取名阿大。隔了许多年后某人回家，兄弟又生了两子、两女，依次叫作阿二、阿三、阿四、阿五，其中阿二、阿四是男孩，阿三、阿五是女孩。某人问起各人的年龄，他的兄弟说："阿四的年龄是阿五的2倍，阿三、阿五年龄之和是阿四的2倍，阿二、阿四年龄之和是阿三、阿五年龄和的2倍。"这时候阿大刚巧听见伯父回家，赶来相见，插嘴说："伯父，多年不见，你可知道我今年已经24岁了？"某人的兄弟又接着说："现在三个女儿都在这里，她们的年龄之和，恰巧又是两个儿子年龄之和的2倍。"某人听了很是迷惑，除阿大的年龄外，其余都不得而知，诸位能够代他计算一下吗？

答　案

70.寿命的谜　设丢番都的寿命是x岁，依题意得

$$\frac{x}{6}+\frac{x}{12}+\frac{x}{7}+5+\frac{x}{2}+4=x$$

解得x=84，即丢番都活到84岁，就脱离尘世了。

71.猜年龄　假定你的年龄是x岁，那么依照题中的算法，所得的结果应该是

$$\frac{3x+6}{3}=x+2$$

所以只要在这结果中减去2，就是你的年龄。

72.猜年龄　设年龄是x，出生的月份是y，依题中的算法，可得

$$(29+5)\times 50+x-365=100y+x-115$$

所以可在报告的结果上加115，所得的是$100y+x$，可见千位和百位上的数是生月，十位和个位上的数是年龄。在本题中，因1008+115=1123，所以前二位11是生月，后二位23是年龄。

73.猜年龄　这张表里所有六行的最顶上一数依次是1、2、4、8、16、32，是从1逐次加倍所得的数，也就是20，21，22，23，24，25的乘方数。如果记熟了这六个数，在猜的时候只要听说是在某行和某行，就把这几行顶上的数加起来，所得的就是要猜的年龄。在本题中，只要把第一、第二、第三和第四四行顶上的数1、2、4和8加起来，就可得到答案：

$$1+2+4+8=15$$

制作这张表所依据的原理是："任何整数都可化作许多2的乘方数的和。"例如有数37，逐次以2除，得如下的算式，于是知

$$37=2\times 18+1=2\times 2\times 9+1$$

$=2\times2\times(2\times4+1)+1$

$=2\times2\times(2\times2\times2+1)+1$

$=2^2\times(2^3+1)+1$

$=2^5+2^2+2^0$

```
2 | 37
  2 | 18……1
    2 | 9
      2 | 4……1
          2
```

因为$2^0=1$，是第一行顶上的数；$2^2=4$，是第三行顶上的数；$2^5=32$，是第六行顶上的数，所以37应该在第一、第三和第六这三行里。我们照这原理，把每一个数都分成许多2的乘方，其中有2^0的，就把原数填写在第一行里；有2^1的，就把原数填在第二行里；有2^2的填在第三行；有2^3的填在第四行……总之，有2^n的，就把原数填入第$n+1$行。这样一来，这一张表就制作出来了。

但上述的制表方法相当麻烦，事实上我们还有一个更简便的方法。我们只要把前表仔细观察一下，就可以发现两个规律：第一个规律就是前面已经说过的，各行顶上的数依次是从1逐次加倍所得的数，即第一行是2^0，第二行是2^1，第三行是2^2……第n行是2^{n-1}。第二个规律是各行的数自上到下依自然数的顺序自小到大排列，但第一行是从1起，一个数隔一个数的；第二行是从2起，两数隔两数的；第三行是从4起，四个数隔四个数的，……第n行是从$2n-1$起，$2n-1$个数隔$2n-1$个数的。有了这两个规律，我们极容易把这张表制成，而且这张表原只限于猜到60，知道了规律就可以任意添出许多行，每行添出许多数，从而可以利用它来猜出无论多大的数了。

74.八口之家　兄42岁，妻40岁，女10岁，子8岁，弟39岁，妻34岁，子14岁，女13岁。

75.父母年龄　设父年x岁，母年y岁，子年z岁。因父的年龄为子的2倍时，三人年龄的总和为现在总和的2倍，即比现在多60岁，可见各人比现在多20岁，其实是在20年后。于是得方程式

$$\begin{cases} x+y+z=60 \cdots\cdots\cdots\cdots\cdots\cdots\cdots\cdots (1) \\ x=6z \cdots\cdots\cdots\cdots\cdots\cdots\cdots\cdots\cdots\cdots\cdots (2) \\ x+20=2(z+20) \cdots\cdots\cdots\cdots\cdots\cdots (3) \end{cases}$$

解得 $x=30$，$y=25$，$z=5$，即父30岁，母26岁，子6岁。

76.夫妻年龄　设乙的年龄的十位数字是x，个位数字是y，那么他的年龄是$10x+y$，妻的年龄是$10y+x$，得方程式

$$10x+y+10y+x=11(10x+y-10y-x)$$

解得

$$x=\frac{5}{4}y$$

因为x和y都是一位数，所以y的值只能是4，x的值只能是5，即乙年54岁，他的妻年45岁。

77.兄弟年龄　设兄年x岁，弟年y岁，则两人相差$(x-y)$岁。当兄的年龄为弟的2倍时，两人仍差$(x-y)$岁，这岁数就是当时弟的年龄，所以当时的兄年是$2(x-y)$岁。于是得方程

式

$$\begin{cases} x+7+y+7=69 \cdots\cdots\cdots\cdots\cdots\cdots\cdots (1) \\ y=2(x-y) \cdots\cdots\cdots\cdots\cdots\cdots\cdots\cdots (2) \end{cases}$$

解得x=33，y=22，即兄年33岁，弟年22岁。

78.姊妹年龄　设姐为x岁，妹为y岁，则两人相差（x–y）岁。当姐的年龄为妹的3倍时，妹是$\frac{1}{2}(x-y)$岁，姐是$\frac{3}{2}(x-y)$岁。又妹的年龄为现在姐的一半（即$\frac{x}{2}$）时，姊是$\frac{x}{2}+(x-y)$岁。于是得方程式

$$\begin{cases} x+y=48 \cdots\cdots\cdots\cdots\cdots\cdots\cdots\cdots\cdots\cdots\cdots (1) \\ 3\times\frac{3}{2}(x-y)=2\left[\frac{x}{2}+(x-y)\right] \cdots\cdots\cdots\cdots (2) \end{cases}$$

解得x=30，y=18，即姊年30岁，妹年18岁。

79.年龄妙算　设阿二x岁，阿三y岁，阿四z岁，阿五u岁，得联立方程式

$$\begin{cases} z=2u \cdots\cdots\cdots\cdots\cdots\cdots\cdots\cdots\cdots\cdots (1) \\ y+u=2z \cdots\cdots\cdots\cdots\cdots\cdots\cdots\cdots\cdots (2) \\ a+z=2(y+u) \cdots\cdots\cdots\cdots\cdots\cdots\cdots (3) \\ 24+y+u=2(x+z) \cdots\cdots\cdots\cdots\cdots (4) \end{cases}$$

解得x=12，y=6，z=4，u=2，即阿二12岁，阿三6岁，阿四4岁，阿五2岁。

六　重量和容积

问　题

80.计算体重　如图18，AB是一条木板，放在固定的C柱上，AB板能上下活动，A端悬16块方砖，每块重3斤，B端悬一小孩，这木板恰成平衡。如果把这小孩移到A端，那么B端只需悬11块方砖就能平衡。问：这小孩的体重多少？

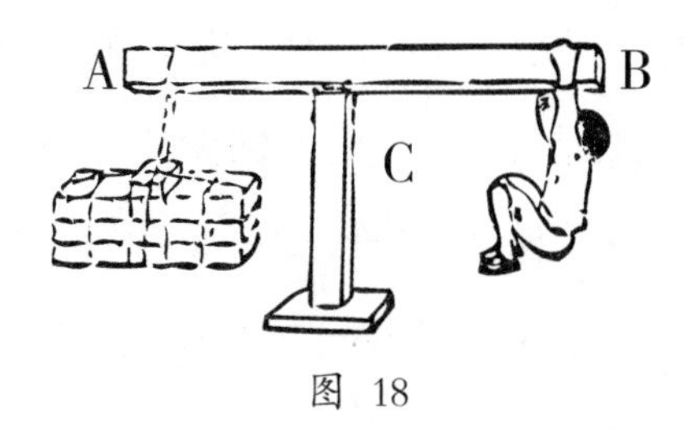

图　18

81.巧测兽灵　甲、乙两人捕捉到一只鹿，想要知道它的重量，但没有测量的工具。后来寻到一根木棒，把它放在树杈上，两人各握棒的一端，使身体悬空，棒恰成水平。接着乙抱着那只鹿，和甲交换位置，悬在棒端而仍成水平。已知甲重120斤，乙重90斤，问：鹿重多少？

82.巧用砝码 某人把40斤重的铅块分成四块，做成四个砝码，可以利用天秤来衡量从1斤到40斤间无论多少斤重的东西。问：四个砝码的重量各是多少？

83.五捆稻草 某农民有五捆稻草，重量各不同。在这五捆稻草中，每取出两捆来合称一次，计有十种不同的组合。这样共称十次，所得十种重量的斤数是110、112、113、114、115、116、117、118、120、121。问：这五捆稻草的重量各是多少？

84.桶水的争论 甲、乙、丙三人一同到公园里去散步，看见花圃旁边有一只琵琶形的木桶（即略成圆柱形而中部比较膨大，向两个底面逐渐缩小，且上下完全对称），桶里大约有一半水。甲说："在我看来，这里面的水一定比半桶多。"乙说："照我看来，一定比半桶少。"两人争论不停，丙就出来调解。他不用任何器具，只一举手就把甲、乙两人的争论解决。试问丙用什么方法才能使甲、乙两人心服呢？

85.酒水调和 有甲、乙两个容量相等的瓶，甲瓶盛酒一半，乙瓶盛水一半，从甲瓶取酒一杓倾入乙瓶，摇匀后又从乙瓶取混合液一杓倾还甲瓶。问：这时甲瓶所含的酒和乙瓶所含的水哪一个多？

86.医师疑问 某医师对他的朋友说："我今天在配药时产生了一个疑难问题，当时我取一只瓶，内贮酒精10两；又取一只瓶，内贮水10两，先取$\frac{1}{4}$两酒精注入水中，摇均匀后，这时水瓶里的水和酒精的比是40∶1。我又取水和酒精的混合液$\frac{1}{4}$两注入酒精中，这时两瓶中所盛液体的量仍是相等，但不知酒精瓶中的水和酒精的比是怎样的。"他的朋友想了半天，不能说明，读者能够代他说明吗？

87.水酒混合 某人到他朋友家聚餐迟到了片刻，客人们建议要罚酒三杯。这人说："我之所以迟到，是因为在路上想一个难题，无法解决，因此才走得慢些，现在把这一个难题宣布，如果诸位可以回答出来，我愿意受罚。"客人们表示同意。这人就取三只容量相等的酒杯，第一杯里倒酒半杯，第二、第三杯里各倒酒三分之一，再取水把各杯都充满，最后一起倾入另一大杯里。他说："请你们告诉我，这大杯里的水和酒各占几分之几？"客人们想了好久，都想不出来，这人因而免去被罚。但不知此人遇到诸位读者，是否也能免罚？

88.取水妙法 某人有容量10斤的两只水桶，都盛满了水，另有容量5斤和4斤的两个空瓶。现在要从水桶取水盛入瓶中，使每瓶都盛3斤，但没有其他的量器可用。他想了一会，就把这两只桶和两个瓶互相倾倒，这样倒来倒去，经11

次而两个瓶里恰巧各有酒3斤。试问是怎样倒的？

89.巧妇分米　某妇到市上去买米，甲、乙两人托她代买，每人8升。某妇因为自己也要买8升，所以拿一只容量2斗4升的器具。等到买回来以后，甲拿来一只容量1斗3升的器具，乙拿来一只容量1斗1升的器具。想要把这2斗4升米均分成三份，但是他们家里都没有量器，于是某妇另外去拿一只容量5升的器具，利用它把买到的米倒来倒去，经9次后，甲、乙的器具里恰巧各有米8升。问：这妇人是怎样倒的？

90.均分瓶油　有瓶21个，其中有7个瓶是盛满油的，7个瓶是盛油一半的，另外7个是空瓶。现在甲、乙、丙三人要平均分派，不仅要使各人所得的油量相等，而且瓶的个数也要相等，又瓶里的油不能倒出来。问：应该怎样分？

91.金砖装箱　某金矿把采得的金制成800块金砖，每块的长是12.5寸，宽是11寸，厚是1寸，把它们装在长、宽相等的箱中，恰巧装满，没有空隙。问：这箱的长、宽、深各是多少？注：长、宽、深的寸数相差不满1尺。

答 案

80.计算体重　设A、C间的距离是x尺，B、C间的距离是y尺，这小孩的体重是Q斤，则根据杠杆原理，得两个比例式

$$x:y=Q:48 \cdots\cdots (1)$$

$$x:y=33:Q \cdots\cdots (2)$$

比较（1）（2），得$Q:48=33:Q$，

解得 $Q=\sqrt{48\times 33}=\sqrt{1584}=39.79$ ，即孩子的体重是39.79斤。

81.巧测兽灵　设甲最初悬挂的一端距支点a尺，乙的一端距支点b尺，则由杠杆原理得

$$120a=90b \cdots\cdots (1)$$

又设鹿重x斤，因后来乙和鹿距支点a尺，甲距支点b尺，故

$$(90+x)a=120b \cdots\cdots (2)$$

以（1）除（2），得$\frac{90+a}{120}=\frac{120}{90}$，

解得$x=70$，即鹿重70斤。

82.巧用砝码　四个砝码各重1斤、3斤、9斤、27斤。用

加减法，可衡量从1斤到40斤间不论多少斤重的东西。例如2=3–1，4=1+3，5=7+1–3，6=9–3，7=9+1–3，8=9–1，10=9+1，11=9+3–1，其余依此类推。

83.五捆稻草　设这五捆稻草的重量从最轻的到最重的顺次是A、B、C、D、E，则110斤一定是A、B两捆草的重量的和，112斤一定是A、C两捆草的重量的和，121斤一定是D、E两捆草的重量的和，120斤一定是C、E两捆草的重量的和。由此可知A、B、D、E四捆草的重量的和是

$$110+121=231\text{斤}$$

又因在这五捆稻草中，每捆都称过4次，所以它们的重量的总和是

$$(110+112+113+114+115+116+117+118+120+121)\div 4=289\text{斤}$$

于是知C捆的重量是289–231=58斤

A捆的重量是　112–58=54斤

B捆的重量是　110–54=56斤

E捆的重量是　120–58=62斤

D捆的重量是　121–62=59斤

84.桶水的争论　因琵琶桶的上下对称，所以只要使桶做适当的倾斜，若如图19的I，水面上接桶角a，而又下接桶角b，则水恰巧是半桶。若水面虽上接桶角a，但不能下接桶

角b，如II的b在水面上方，则小于半桶；如III的b在水面下方，则水多于半桶。

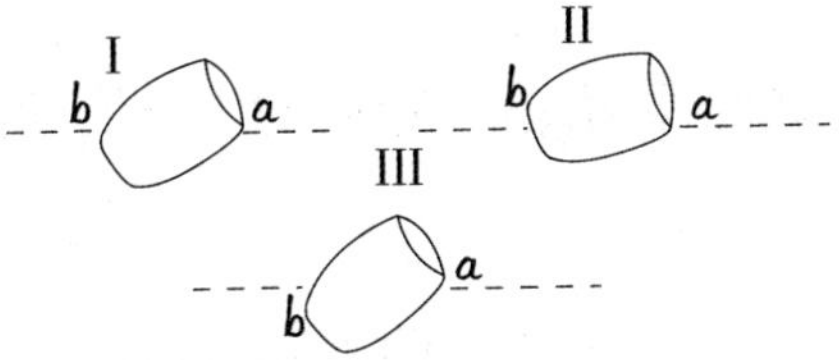

图 19

85.酒水调和 设两瓶的容量都是1，杓的容量是x，则甲瓶原有酒$\frac{1}{2}$，乙瓶原有水$\frac{1}{2}$。第一次从甲瓶取酒一杓（容量是x）倾入乙瓶，则

甲瓶的酒只剩$\frac{1}{2}-x$，乙瓶的水仍是$\frac{1}{2}$

这时乙瓶中有酒x，有水$\frac{1}{2}$，容量的总和是$\frac{1}{2}+x$，其中

酒占$\dfrac{\frac{1}{2}}{\frac{1}{2}+x}$，水占$\dfrac{\frac{1}{2}}{\frac{1}{2}+x}$

第二次从乙瓶取出的一杓混合液中，所含的

酒量是$\dfrac{x}{\frac{1}{2}+x}\times x$，水量是$\dfrac{\frac{1}{2}}{\frac{1}{2}+x}\times x$

倾入甲瓶后，甲瓶所含的酒量是

$$\frac{1}{2}-x+\frac{x}{\frac{1}{2}+x}\times x=\frac{1}{2(1+2x)}$$

乙瓶所含的水量是

$$\frac{1}{2}-\frac{\frac{1}{2}}{\frac{1}{2}+x}\times x=\frac{1}{2(1+2x)}$$

可见这样倾注两次后，甲瓶的酒量恰和乙瓶的水量相等。

86.医师疑问 水瓶里的水和酒精的比是40∶1，即每两水里混酒精$\frac{1}{40}$两=0.025两。现在取这样的混合液$\frac{1}{4}$两，其中所含的酒精是0.025两×$\frac{1}{4}$=0.00625两；所含的水是$\frac{1}{4}$两−0.00625两=0.24375两。把这混合液注入酒精后，酒精瓶里含水0.24375两，含酒精10两−$\frac{1}{4}$两（=9.75）+0.00625两=9.75625两，前后两数的比恰等于1∶40。

87.水酒混合 因倾入大杯的有水、酒混合液3小杯，故大杯内的液量是每一小杯中原有液量的3倍。第一杯中的酒原占这小杯的$\frac{1}{2}$，倾入大杯后则占大杯的$\frac{1}{6}$。第二、第三两杯中的酒原各占小杯的$\frac{1}{3}$，倾入大杯后则各占大杯的$\frac{1}{9}$。所以大杯中的酒量共占$\frac{1}{6}+\frac{1}{9}+\frac{1}{9}=\frac{7}{18}$，水量占$1-\frac{7}{18}=\frac{11}{18}$。

88.取水妙法 倒水的方法看下表自然可以明白：

次数＼倒法	10斤桶	10斤桶	5斤瓶	4斤瓶
最初	10	10	0	0
第1次	5	10	5	0
第2次	5	10	1	4

第3次	9	10	1	0
第4次	9	6	1	4
第5次	9	7	0	4
第6次	9	7	4	0
第7次	9	3	4	4
第8次	9	3	5	3
第9次	9	8	0	3
第10次	4	8	5	3
第11次	4	10	3	3

89.巧妇分米 照下表所示的方法倾倒就得：

各器的容量	2斗4升	1斗3升	1斗1升	5升
最初	24	0	0	0
第一次	19	0	0	5
第二次	8	0	11	5
第三次	0	8	11	6
第四次	11	8	0	5
第五次	16	8	0	0
第六次	16	0	8	0
第七次	3	13	8	0
第八次	3	8	8	5
第九次	8	8	8	0

90.均分瓶油 如下的两种方法都可以：

第一法

	满瓶	半瓶	空瓶
甲	2	3	2
乙	2	3	2
丙	3	1	3

第二法

	满瓶	半瓶	空瓶
甲	3	1	3
乙	3	1	3
丙	1	5	1

91.金砖装箱 先求这800块金砖的总体积，得

12.5寸×11寸×1寸×800=110000立方寸

把110000分解成三个因数，使其中有两个因数相同，共有下列的八种方法：

11×100×100

44×50×50

88×25×25

275×20×20

1100×10×10

2200×6×5

6875×4×4

27600×2×2

在这八种里面，唯有第二种里的因数44和50最相近，差数是6，所以所求的答案是长、宽各50寸，深44寸。

装法是这样：先在底面平铺4×4=16块，这样可叠44层，共计704块，箱中还剩深44寸、宽6寸、长60寸的空间，还可把金砖竖嵌下去，底层可嵌4×6=24块，共4层有96块。总计一下，恰装704块+96块=800块。

七　火柴游戏

问　题

92.火柴游戏　火柴12根，排成正六角形，如图20，试取去3根、4根或5根，使其成三个正三角形。

93.火柴游戏　火柴15根，排成如图21所示的形状，试取去3根，使其成三个正方形。

94.火柴游戏　火柴17根，排成如图22所示的形状，试取去6根，使其成三个正方形。

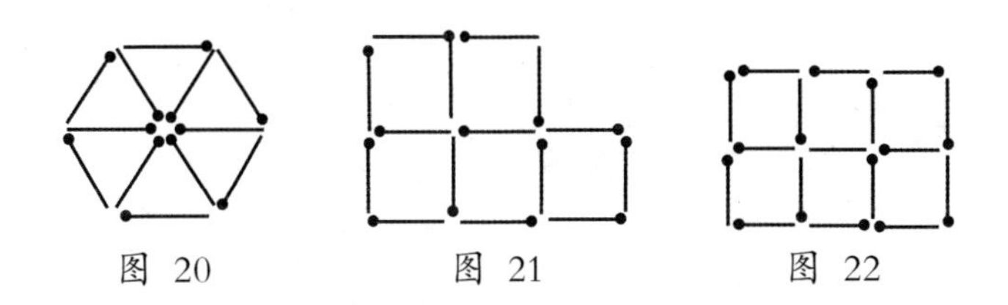

图 20　　图 21　　图 22

95.火柴游戏　火柴29根，排成如图23所示的形状，试取去6根，使其成6个正方形。

96.火柴难题　火柴12根，排成如图24所示的形状，试移4根到别的位置，使其成三个相等的正方形。

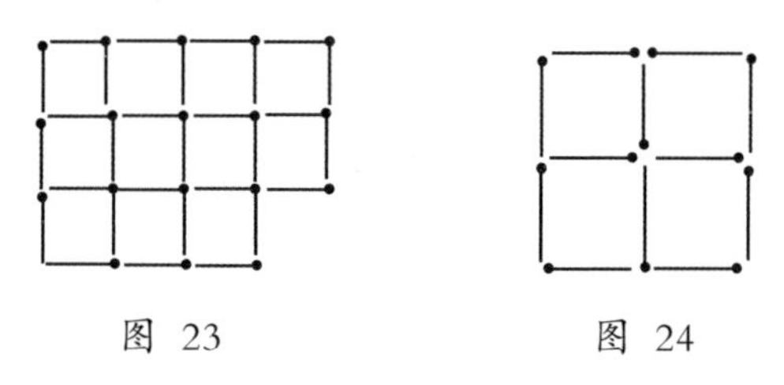

图 23　　　　图 24

97.火柴难题　火柴24根，排成如图25的形状，试取去8根，使其成两个正方形。

98.火柴难题　火柴17根，排成如圆26的形状，试取去6根，使其成两个正方形。

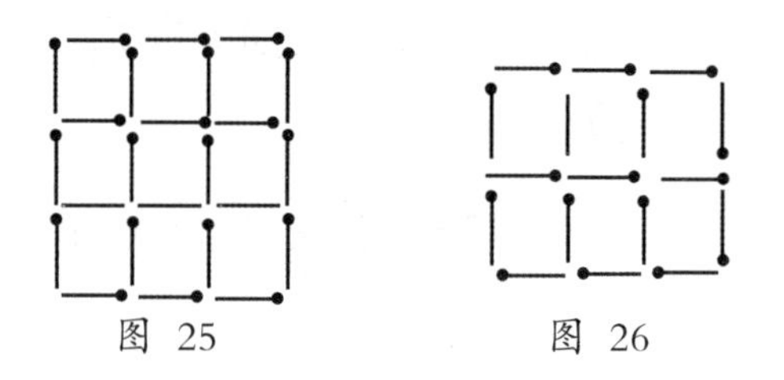

图 25　　　　图 26

答　案

92.火柴游戏　答案见图27。

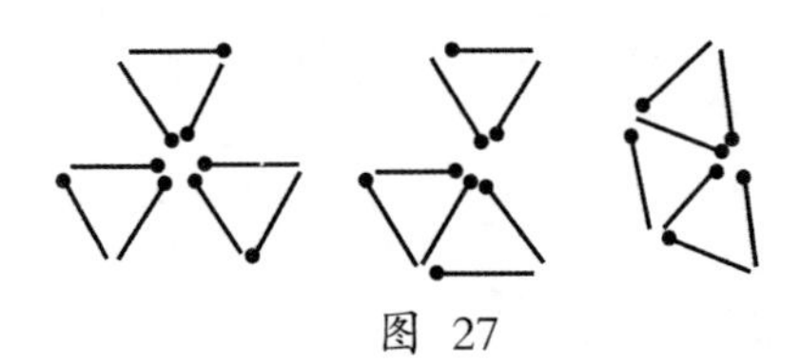

图 27

93.火柴游戏 把图28中的1、2、3三根拿去即可。

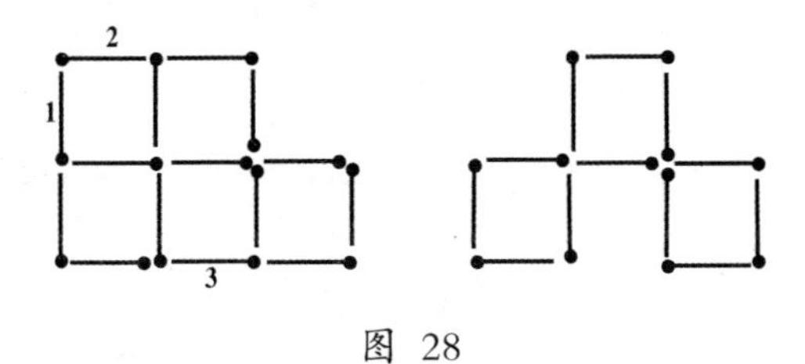

图 28

94.火柴游戏 把图29中的1、2、3、4、5、6拿去即可。

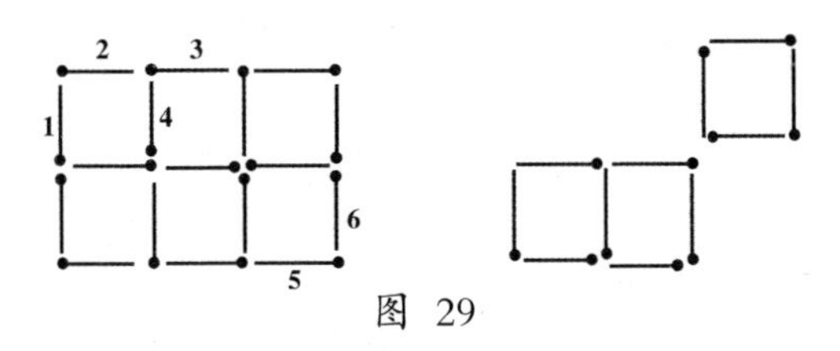

图 29

95.火柴游戏 如图30，拿去1、2、3，4、5、6即可。

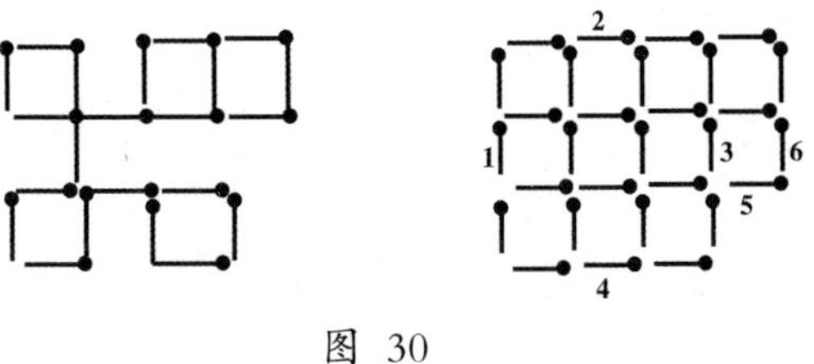

图 30

96.火柴难题 移动4根后的形状如图31。

97.火柴难题 拿去8根后的形状如图32。

98.火柴难题 拿去6根后的形状如图33。

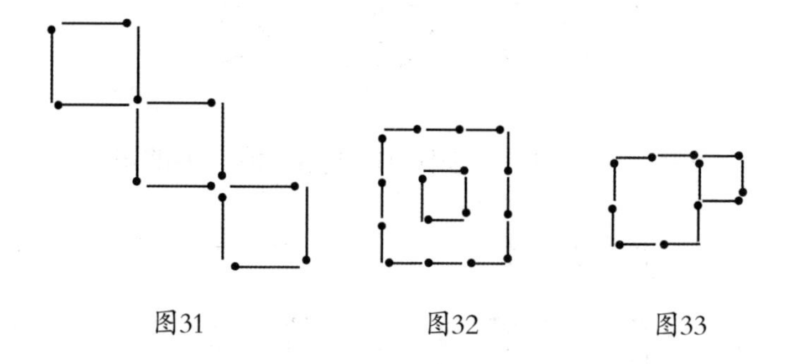

图31　　图32　　图33

八　伤脑筋的计算题

问　题

99.闪电算法　某人非常喜欢计算，曾经在三十五分钟里求到一个两位数的31次方，这个数共计有35位。他向大家炫耀这件事，并说：“如果要还原，求出这35位数的31次方根来，即使像我一样计算敏捷，至少也要一整天的时间。”他的话刚说完，他的一位朋友立刻插嘴说：“这一个方根一定是13。”这人瞬间脸色通红，说道：“你的脑力简直像闪电，否则怎会算得这样快呢？”读者能够知道这位朋友的算法吗？

100.教师捷算　教师对甲、乙两位同学说：“你们各试着在纸上写一个多位的整数，用来作被乘数。”甲、乙两人说：“我们已经写好了。”教师说：“你们再说出一个数来，用它作乘数。”甲说：“我预备用9718作乘数。”乙说：“我也用这数作乘数。”教师说：“你们用这数去乘纸上所写的那个数，再用286也去乘那个数，然后把两个积数加起来。”停了一会儿，甲、乙两人都说：“我们已经算好了。”教师说：“你们各人把最初写在纸上的数告诉我，我可以立刻说出你们最后相加得到的和。”甲说：“我最初写在纸上的是3456。”教师说：“你的和数是34556544。”乙说：“我写的是6789。”教师说：“你的和数是67883211。”甲、乙都说猜得不错，试问教师是用什么方法猜到的？

101.分别夫妻 甲、乙、丙、丁四个男人和子、丑、寅、卯四个女人是四对夫妻，他们一同到市上去买东西，共带40元。子用去1元，丑用去2元，寅用去3元，卯用去4元。甲所用的钱和他妻子的相等，乙所用的是他妻子的2倍，丙所用的是他妻子的3倍，丁所用的是他妻子的4倍。买好后，在路上把所余的钱均分，各人所得的恰巧是整数。读者试猜这八人中谁和谁是夫妻。

102.买蛋难题 鸡蛋每枚5分，鸭蛋每枚7分，鸽蛋每枚8分，用8角买蛋19个，问：三种蛋各几个？

103.一题三千答 算术中的混合比例问题，可用代数的不定式方程来解，每一题的答案仅有一组，有的不止一组（例如上题有三组答案），但一题而有答案三千多组的，很是难得。清代璐春池所著的《艺游录》里记载了一个问题，共有3121组答案。题目是这样的:“银96两,买物160枚,其中甲物9钱,乙物7钱,丙物5钱,丁物3钱,问:四种物各几何?”你能够把所有的答数都求出来吗?

104.掘洞求深 某工人在地上掘洞,走过的人问他:“这洞要掘多深?”工人说:“我的身长是5尺,现在已掘的深不满我的身长,我要继续掘下去,续掘的深度是已掘深度的2倍,掘成以后,我的头要没入地面,那时我的头顶和地面的距离,将是我现在头顶超出地面的2倍。”问:这一个洞掘成后深几尺?

105.叠弹巧算 某军队击败侵略军,获得炮弹无数,兵士们把它们叠成许多正方锥(即先在地上排一正方阵,上面叠一层也是正方阵,每边的个数比底层少1,向上逐层都是每边比下一层少1的正方阵,直叠到顶上的1发为止)。如果我们再把叠成正方锥的全部炮弹,铺平成一正方阵,问:所叠的正方锥底层每边多少发?共有多少发?

106.排阵难题 某军队有士兵数十万人,现在要分出一部分来,要排成两个正方阵,而且要有12种不同的排法。问:分出的士兵至少有多少人?

107.兄弟搬豆 兄弟两人有一大篮豆,约两千粒左右。兄对弟说:“我想拿这些豆来做一个游戏,我先取若干粒放在一只空篮里,接着你也随便取若干粒放在这篮里,但所取的数不能比我之前取的数多，最后我再取若干粒放进去，这时篮里所有的豆，你如果能够把它们平均分成若干份，那么你就获胜，否则你就失败。”读者试想：兄第一次和最后一次所放的豆各是几粒，才能获胜？

108.正方军阵　士兵若干，排成62个正方阵，各阵的人数都相等。后来领队的一位首长也加入其内，同62个小正方阵的全部人数，可合排一个大正方阵。问：兵士总数多少？大、小方阵的每边各多少人？

109.余数相同　有四个整数如下：

701、1059、1417、2312

欲求一最大的整数，用它来除上面的四个整数，得相同的余数，试不用试除的方法，想一个简法来求这除数。

110.男女成群　有男学生8人，女学生6人，要选取男两人、女两人为一群，问：有多少种不同的选法？

111.猎狗追兔　一只猎狗追捕一只野兔，已知兔在狗前的27步处（兔的跨步）。因为兔的身体小，跨步也小，所以狗走2步的距离，兔需走6步。又因兔比狗敏捷，所以狗走5步的时间，兔可走8步。问：猎狗走多少步才能捕到野兔？

112.烛代电灯　某人家里的电灯，有一次因大风吹断电线，忽然熄灭，于是点两支蜡烛来代替。两烛的长度相等，但粗细不同。已知粗烛可点5小时，细烛可点4小时。点了一会儿，电线修复，电灯已亮，就把烛火吹灭。这时看见粗烛残余的长度恰是细烛的4倍。问：这两支蜡烛已经点了多少小时？

图 34

113.三十三颗珍珠 有一串珍珠，共计三十三颗，如图34，中央一颗C的价值最贵。左端从A到C所有各珠的价值成等差级数，公差是1角；右端从B到C所有各珠的价值也成等差级数，公差是1.5角。已知全部珍珠的总价是65元，问：C珠的价值是多少？

114.握手道别 某一次会议结束后，到会的人互相握手道别，每人都和其他人握手一次。有人统计，他们握手的次数一共有105次，问：到会几人？

115.牛顿问题 物理学家牛顿有一个问题："3头牛在2星期中吃完2亩地上原有的草和2星期中所生的草；2头牛在4星期中吃完2亩地上原有的草和4星期中所生的草。问：要多少头牛才能在6星期中吃完6亩地上原有的草和6星期中所生的草？但在未吃时所有草的高都相等，吃后草的生长率也相等。"读者能够解答吗？

116.乘法补草 试补足下列乘法算式中缺少的数字：

```
        6△□
   ×     4⊗
  ─────────────
      3 1**
    **0*
  ─────────────
    **2**
```

117.除法补草 试补足下列除法算式中所缺的数字：

```
215 ) a 7 b 9 c ( 1de
      f g h
      ─────────
      i 5 j 9
      k 5 l 5
      ─────────
          m 4 n
          p q r
          ─────
```

118.制造水槽 某人有一块每边长3尺的正方形白铁皮，想在四角各切去一块小正方形，成如图35所示的形状；再沿虚线折转，制成一只底面成正方形的水槽，但需能容最多的水量。读者试研究，四角切去的小正方形每边长多少？

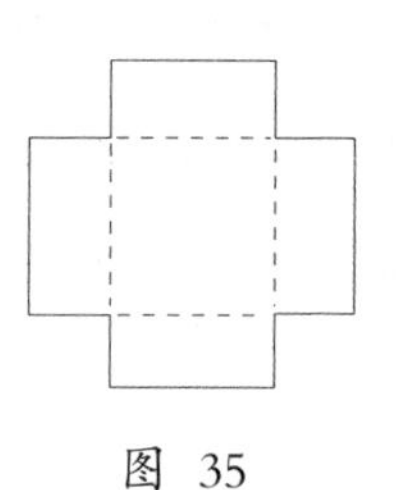

图 35

答 案

99.闪电算法 这位朋友能够记住两位对数的。因为这乘方数有35位，他的对数必在34和35之间，所以

$$\log\sqrt[31]{(35位的数)}=\frac{\log(35位的数)}{31}=\frac{34.\cdots\cdots}{31}$$

因而所求数的对数一定在$\frac{34}{31}$和$\frac{35}{31}$的中间，即在1.09和1.13的中间。这位朋友记得12，13，14的两位对数顺次是1.08，1.11，1.15，所以他不假思索，立刻判定它的31次方根是13。

100.教师捷算 学生所说的乘数是9713，教师所指定的第二乘数是286，这两数的和是9999，即指定的第二乘数应比第一乘数的补数（即能补满10000的数）少1。这样一来，甲所写的是3456，则最后的和数是

$3456\times9713+3456\times286=3456\times9999=3456\times10000-3456=34556544$

从原数的10000倍中减去原数，可立刻用心算求到。

101.分别夫妻 题中的四对夫妻是（1）丙和子是一对，

（2）丁和丑一对，（3）甲和寅一对，（4）乙和卯一对。

102.买蛋难题　这是一个混合比例问题，但用代数的不定式方程来解比较便利。设鸡、鸭、鸽三种蛋数顺次是x、y、z，则

$$x+y+z=12$$

$$5x+7y+8z=80$$

消去x，可得　$2y+3z=20$

即　$y=10-\frac{3z}{2}$

因为y必须是整数，所以z一定是偶数。设$z=2, 4, 6$……得三组答案如下：

第一组　鸡蛋3个，鸭蛋7个，鸽蛋2个；

第二组　鸡蛋4个，鸭蛋4个，鸽蛋4个；

第三组　鸡蛋5个，鸭蛋1个，鸽蛋6个。

103.一题三千答　先假定甲物是1枚，化原题为："银95两1钱，买物159枚，其价乙7钱，丙5钱、丁3钱，问：三种物各几何？"仿上题可求得答案40组如下：

甲：1, 1, 1, 1, 1, 1, 1, 1……

乙：118, 117, 116, 115, 114, 113, 112, 111……

丙：1, 3, 5, 7, 9, 11, 13, 15……

丁：40, 39, 38, 37, 36, 35, 34, 33……

其中乙依次减1，丙依次增2，丁依次减1。

假定甲物为2枚时，同法可求得40组答案；甲物为3枚时，得41组答案；直到甲物为79枚时，仅得1组答案。再设甲物为80枚，就没有答案了。总计有答案3121组，不能一一举出，现在只把确定甲物枚数后的答案组数列表如下：

甲物枚数	答案组数	甲物枚数	答案组数	甲物枚数	答案组数	甲物枚数	答案组数
1	40	21	50	41	58	61	28
2	40	22	50	42	56	62	26
3	41	23	51	43	55	63	25
4	41	24	51	44	53	64	23
5	42	25	52	45	52	65	22
6	42	26	52	46	50	66	20
7	43	27	53	47	49	67	19
8	43	28	53	48	47	68	17
9	44	29	54	49	46	69	16
10	44	30	54	50	44	70	14
11	45	31	55	51	43	71	13
12	45	32	55	52	41	72	11
13	46	33	56	53	40	73	10
14	46	34	56	54	38	74	8
15	47	35	57	55	34	75	7
16	47	36	57	56	35	76	5
17	48	37	58	57	34	77	4
18	48	38	58	58	32	78	2
19	49	39	59	59	31	79	1
20	49	40	59	60	29		

104.掘洞求深　设已掘的深是x尺，则续掘的深是$2x$尺，现在这工人的头顶高于地面$(5-x)$尺，掘成后低于地面$(3x-5)$尺，

故得 $3x-5=2(5-x)$

解得$x=3$，所以这洞掘成后深$3\times3=9$尺。

105.叠弹巧算 欲解本题，宜先制出下表：

1	2	3	4	6	6	7
1	8	6	10	15	21	28
1	4	10	20	35	56	84
1	5	14	30	55	91	140

表中的第一列是自然数，第二列各数是从上列许多数（从1到该数顶上一数为止）相加而得，例如6=1+2+3，10=1+2+3+4。第三列各数的求法和第二列相同。第四列的各数是它的上方和左上方的两数相加而得，例如14=10+4，30=20+10。这表里第二列的数都可排成正三角形，第三列的数都可排成正三角锥，第四列的数都可排成正方锥。欲求本题的答案，可依前法向右继续列数，直到第四列中的第24个数，得4900为止。于是知道所求的答案是底层每边24颗，共有炮弹4900（即242+232+222+212+⋯+12）发，可铺平而成每边70发的正方阵。

106.排障难题 至少需分出兵士160225人，这些人可排两个正方阵，且有12种不同的排法，每种内各边的人数如下：

400和15，399和32，393和76，392和81，

384和113，375和140，360和175，356和183，

337和216，329和228，311和252，265和300。

这一个答数的来历是这样的：先用任意数代$4n+1$中的n，算得$n=1$、3、4、7……时，$4n+1=5$、13、17、29……这些数都可排成两个正方阵。又若$5\times13=65$，则不但仍可排成两个正方阵，且有两种不同的排法；$5\times13\times17=1105$，则有4种不同的排法；$5\times13\times17\times29=32045$，则有8种不同的排法。这样每增一新因数，排法就可增一倍，但增加的因数如果是已经有过的，那么排法只能增半倍，所以得本题的答案是

$$5\times5\times13\times17\times29=160225$$

这数可排成两个正方阵，且有$8+\frac{8}{2}=12$种不同的排法。

107.兄弟搬豆 兄第一次必须放40粒，最后所放的数应该是比弟所放的少1的数的平方。理由是这样的：设弟所放的粒数是n，则兄和弟照这样所放三次的总数是

$$40+n+(n-1)^2=40+n+n^2-2n+1=41+n(n-1)$$

因为如果n是不大于40的整数，那么$41+n(n-1)$一定是素数。所以没有可以除尽它的数，也就是不能平均分成若干份。

108.正方军阵 设小正方阵每边x人，则兵士总数是$62x^2$人。如果有小正方阵64个，那么刚好可以排成一个大正方阵，它的每边人数是$\sqrt{64x^2}=8x$。现在既然只有62个小正

方阵，那么所排成的大正方阵每边的人数一定小于$8x$。设现在所排的大正方阵每边（$8x-1$）人，则得方程式

$$(8x-1)^2=62x^2+1$$

解得$x=8$，初时所排的小正方阵每边8人，兵士的总数是$62\times 8^2=3968$人，大正方阵每边$\sqrt{3968+1}=63$人。若设大正方阵每边的人数为（$8x-2$），（$8x-3$）……答案是求不到的。

109.余数相同 关于整数的性质，有这样的一条定理：“甲、乙两数的差能被某数除尽，那么这两数各被某数除，必得相同的余数。”利用这定理，我们求题设四数中每两数的差，并且分解这些差的因数，得

$$2312-1417=895=5\times 179$$

$$2312-1059=1253=7\times 179$$

$$2312-701=1611=9\times 179$$

$$1417-1059=358=2\times 179$$

$$1417-701=716=4\times 179$$

$$1059-701=358=2\times 179$$

从此知道这四数中的任何两数的差都含因数179，即都能被179除尽，所以用179来除这四个数，可得相同的余数。

110.男女成群 根据组合的公式，可算得从男生8人中取2人的选法的种数是

$${}_8C_2=\frac{8!}{2!(8-2)!}=\frac{8!}{216!}=\frac{8\times 7\times 61}{2\times 6!}=28$$

同法得从女生6人中取2人的选法的种数是

$$_6C_2=\frac{6!}{2!(6-2)!}=\frac{6!}{2!4!}=\frac{6\times5\times4!}{2\times4!}=15$$

但$_8C_2$中的任一种都可和$_6C_3$中的任一种相配而成一群，所以选法的种数共计是$_8C_2\times{}_6C_3$=28×15=420。

111.猎狗追兔 假定猎狗只走1步就追及野兔，那么这段距离给野兔去走，需走$\frac{5}{2}$步，又狗走1步的时间里，兔可走$\frac{8}{5}$步，所以以兔的跨步为标准，在同时间里狗比兔多走$\frac{5}{2}-\frac{8}{5}=\frac{9}{10}$步。现在已知狗比兔一共多走27步，所以实际猎狗走了$27\div\frac{9}{10}=30$步而追及野兔。

112.烛代电灯 设已点x小时，则因粗烛每小时点去$\frac{1}{5}$，故x小时已点去$\frac{1}{5}x$；细烛每小时点去$\frac{1}{4}$，x小时已点去$\frac{1}{4}x$，得方程式

$$1-\frac{1}{5}x=4\left(1-\frac{1}{4}x\right)$$

解得$x=3\frac{3}{4}$，即已点3小时45分。

113.三十三颗珍珠 设C珠的值价是x元，则向左第一珠比C便宜公差的1倍，第二珠比C便宜公差的2倍，第三珠比C便宜公差的3倍……而最后的A珠比C便宜公差的16倍，共比C便宜公差的1+2+3+⋯+16=$\frac{16\times(1+16)}{2}$=136倍，即共比C便宜0.1×136=13.6元。同理，向右从第一珠到最后的B珠共比C便宜0.15×136=20.4元，故得方程式

$$33x-13.6-20.4=65$$

解得$x=3$，即C珠的价值是3元。

114.握手道别 设到会的有x人，每人需和其他（$x-1$）人各握手一次，共计握手x（$x=1$）次。但甲握乙手，同时乙也握甲手，所以两次只能作一次算，实际握手的总次数仅有$\frac{1}{2}x(x-1)$次，于是得方程式

$$\frac{1}{2}x(x-1)=105$$

解得$x=15$，即到会的有16人。

本题如果不用代数，也可以解得。我们先任意假定有甲、乙、丙、丁、戊5个人，甲、乙、丙、丁、戊各握手一次后就离去，共计握手4次；接着乙和丙、丁、戊各握手一次后也离去，握手3次；再丙和丁、戊各握手一次后离去，握手2次；最后丁和戊握手1次，5人都已分别，且都和别的人握过了手，总计握手

4+3+2+1=10次

依此类推，知道6个人两两握手的总次数应是

5+4+3+2+1=15次

7个人是　　6+5+4+3+2+1=21次

握手的总次数是从1起的许多连续整数的和，其中最大的一个数比人数少1。根据这一点，我们只要取从1起的许多连续整数，将其加起来，直到和等于106时，看连续整数

里的一个最大的是14，就可确定到会的共有14+1=15人。

115.牛顿问题　设所求的牛数是x，草未经牛吃时的高是y，草每星期所生长的高是z，则3头牛在2星期中所吃草的容积是2（y+2z），每头牛在每星期中所吃草的容积是$\frac{2(y+2z)}{3\times 2}$。同法可得，每头牛在每星期中所吃草的容积是$\frac{2(y+4z)}{2\times 4}$，又是$\frac{6(y+6z)}{6x}$。于是得方程式

$$\frac{2(y+2z)}{3\times 2}=\frac{2(y+4z)}{2\times 4}=\frac{6(y+6z)}{6x}$$

化简，得 $\frac{y+2z}{3}=\frac{y+4z}{4}=\frac{y+6z}{x}$

利用比例的定理，以m乘第一比的前、后两项（即第一分式的分子、分母），以n乘第二比的前、后两项，再把前、后项各相加，得

$$\frac{(m+n)y+(2m+4n)z}{3m+4n}=\frac{y+6z}{x}$$

比较两边的未知数x、y、z的系数，知道

$$m+n=1 \cdots\cdots (1)$$

$$2m+4n=6 \cdots\cdots (2)$$

$$3m+4n=x \cdots\cdots (3)$$

从（1）（2）两式可得m=–1，n=2，代入（3），得x=5，即所求的牛数是5头。

116.乘法补草　推求的方法分下列的六步：

（1）因60×⊗与△×⊗的和等于31*，若⊗为4，则即使

△是最大的数字9，这和仍小于31*；若⊗为6，则这和大于31*，故⊗必等于5。

（2）⊗既是5，则△非2即是3。

（3）第二部分积是**0*，若△是3，则无论□是几，这第二部分积的第三位绝不能是0，故△是2。

（4）△既是2，第二部分积的第三位又是0，故知□是5、6、7三数字之一。

（5）因（620+□）×45=27900+（□×45），且积的第三位是2，故□×45的首位应是3（因3加9才能得积的第三位2）。但5×45和6×45的首位都不是3，故□一定是7。

（6）既知被乘数是627，乘数是45，那么其他的数字都容易补出来了。完全的算式如下。

$$
\begin{array}{r}
627 \\
\times\quad 45 \\
\hline
3135 \\
2508 \\
\hline
28215
\end{array}
$$

117.除法补草　因商的第一位是1，故第一部分积应是215，即fgh是215。又因以d乘215，所得数的末位是5，故d一定是奇数。但215的奇数倍，百位是5的只有7，故知商的第二位是7。于是可推知$k=1$，$l=0$，$i=1$，$a=3$。又因从$m4n$减去pqr而尽，故$m=p$，$q=4$，$r=n$。又以e乘215所得积的十位是4的，只有3，故$p=m=6$，$r=n=c=5$。继续推得$j=6$，$b=1$。完全的算式如下。

```
215 )37195 ( 173
      215
     1569
     1505
      645
      645
```

118.制造水槽 要解决本题，需根据代数里的一条定理："如果三个数的和数一定，那么在这三数相等时，它们的乘积为最大。"我们设四角切去的正方形每边长x尺，如图36，那么制成的水槽的底面每边长$(3-2x)$尺，高x尺，容积的立方尺数等于

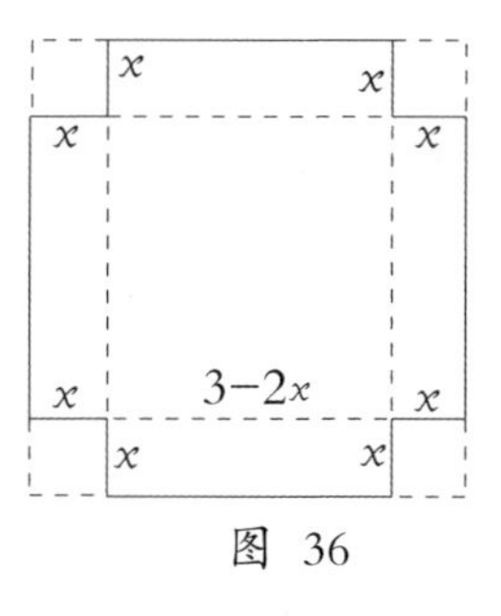

图 36

$$V=(3-2x)(3-2x)x$$

这容积V就是三数的乘积，要使它最大，根据定理，需在三数的和数一定，且三数相等时才成。但是现在三数的和是

$$(3-2x)+(3-2x)+x=6-3x$$

并不是一个一定的数值（因为要随x的变化而变化）；然而我们可以设法使这三个连乘的数有一定的和数，只要在上式的两边各乘4，得$4V=(3-2x)(3-2x)4x$

这时三个连乘的数的和等于

$$(3-2x)+(3-2x)+4x=6$$

这是一个定值，于是知道在$3-2x=40$时，即$x=0.5$时，$4V$的值为最大，那时V的值当然也是最大，即水槽的容积最大时，切去的正方形每边应长0.5尺。

九 趣味的图形

问 题

119.几何图形的分割 从这里开始，将有许多问题都是关于分割几何图形的。这种图形分割问题的渊源很久之前，在中国秦、汉以前就有人研究，它的方法叫作“演段”。这类问题的解法原理，虽然非熟悉几何学不能彻底明了，但若仅需求得答案，则任何人都能凭他的聪明才智而达到目的。

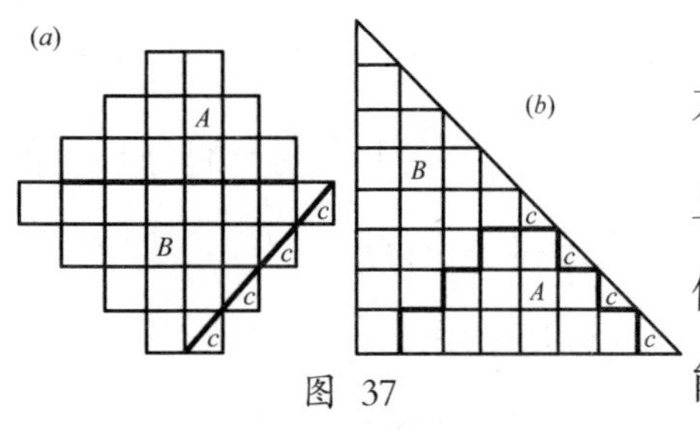

图 37

分割几何图形，不但要精密无误，而且要注意题中的条件，必须一一符合，不能有丝毫含糊，否则就不能算作适宜的解答。例如，我们要把如图37（a）的一个图形分割成三块，再拼凑成一个等腰直角三角形，如果依图示的粗线分割成*A*、*B*两大块，以及*C*的四小块当作一整块，凑合成（*b*）的形状，这是假想四小块*C*间留一细线联络的，但这种假想绝对不能存在于题中，所以不能承认它是本题的最合适的答案。

120.分割十字形 如图38所示的，是由五个相等的正方形合成的一个十字形。关于这种十字形的分割问题，古人就有研究，所得的各种方法，都很巧妙且非常有趣。

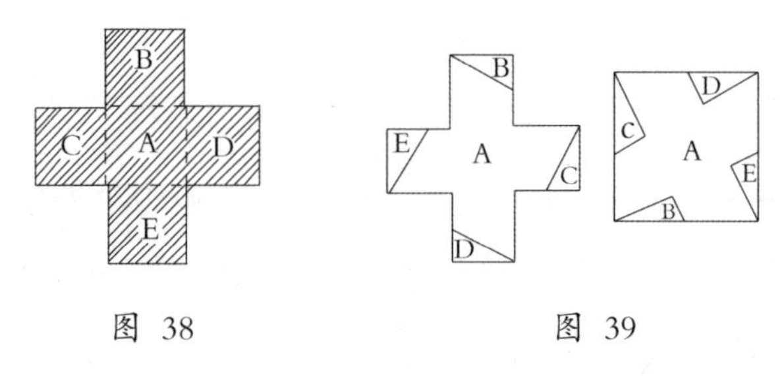

图 38　　　　图 39

现在先讲分这十字形为若干块，拼凑成一正方形，或反过来由正方形变成十字形的方法。最初这种分割法的发明，需分成五块，如图39所示。后来继续研究，得知只需分成四块就可达到目的，而且分割的方法多到无穷。图40和41所示的是两种最简单的方法。其中在十字形上的分割线都只有两条，各条分割线都是连接小正方形（即组成十字形的五个相等小正方形）的顶点或边的中点而得。

上举分割法的原理，实际很是简单。我们知道了它的原理，就可得无数类似的分割方法。因为在图38所示的十字形中有一个小正方形E，可移到左上角，成如图42（a）的形状。这里面包含一大、一小两个正方形，大的

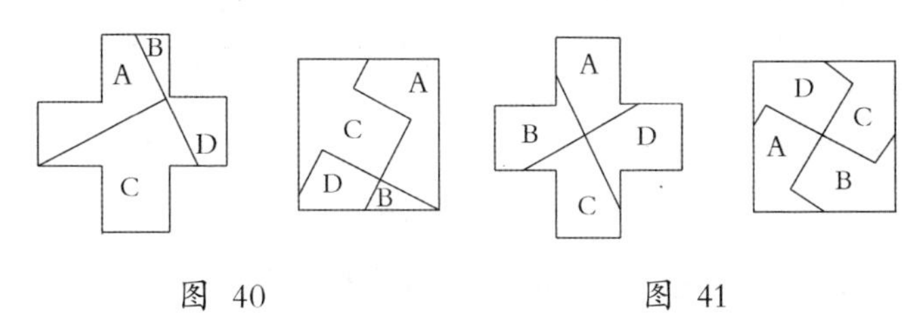

图 40　　　　　图 41

$ACFG$是直角三角形ABC的直角边AC上的正方形；小的$BCDE$是另一直角边BC上的正方形，根据商高定理，知道斜边AB上的正方形必等于$ACFG$与$BCDE$两正方形的和，即等于原来的十字形。所以我们知道，要分割十字形使能合成正方形，这正方形的边长一定等于AB。又因凡和AB平行而在C、K两点间的直线，如图42（b）的l，其截十字形的部分（图中描粗的）必等于AB；又和AB垂直而在B、H两点间的直线，如图42（b）的m，所截十字形的部分也等于AB，所以我们只要在C、K间作AB的任意一条平行线，又在B、H间作AB的任意一条垂线，分十字形所得的四块，都可合成一正方形。如果所作的第一线不在C、K间，或第二线不在B、H间，那么分割而得的虽也能拼成一正方形，但已不止是四块了。

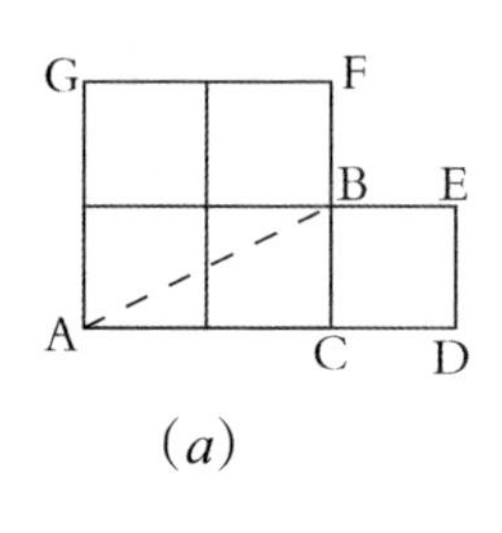

(a)

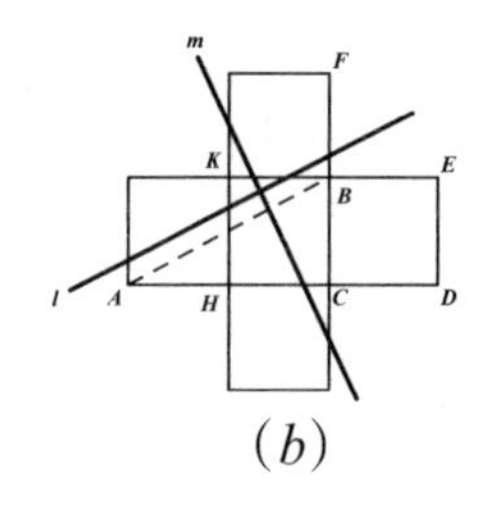

(b)

图42

以下再举几个十字形的其他分割问题：

分割一正方形，使其能分成两个十字形的方法，看图43便可明白。

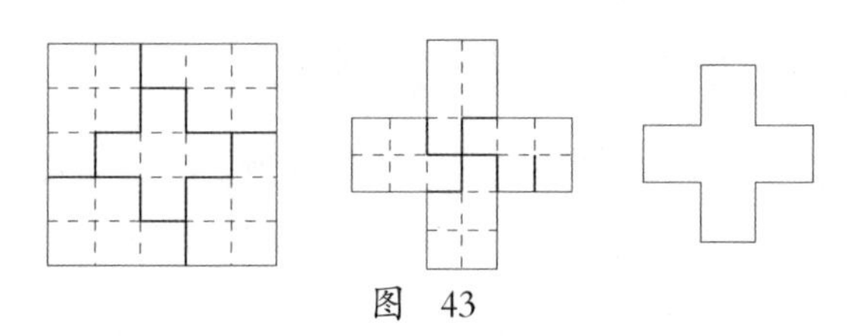

图 43

分割两个相等的十字形，使其合成一个正方形的方法，照图44和45都可以，但图45所分的块数较少。

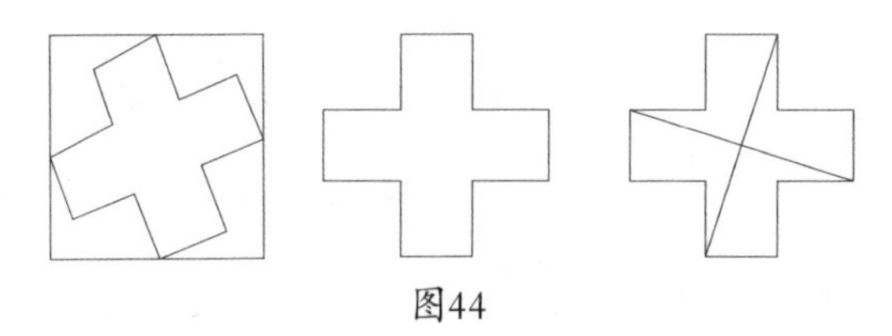

图44

图45

如果有一个等腰直角三角形，要把它分割成四块，拼成个十字形，又有一个长二倍于宽的矩形，要把它分割成三块，也凑拼成一个十字形，试问应该怎样分？

121. 巧成十字 硬纸五片，形状如图46的（a），试拼成如(b)的十字形122。

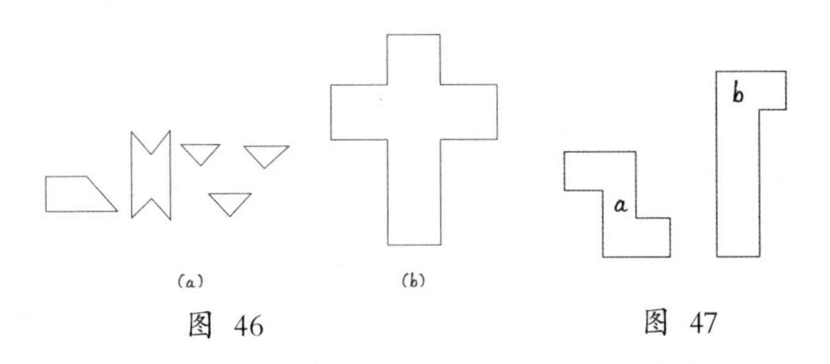

图 46　　图 47

122. 十字难题 硬纸五片，如图47的（a）的有同样三片，如b的有同样两片，试拼成如图46（b）的十字形。

123.一剪变形 妹妹剪了一张十字形的纸（形状如图38），姐姐对她说：“你如果能够把这张纸剪一刀，分成四块，拼成一个正方形，那么我可以给你一件奖品。”妹妹想了半天也没有办法，读者能够帮助她吗？

124. 组合新旗 红十字会的旗帜，是在白布中央缝十字形的红布而成。某处红十字会因一面大旗的四周已经损坏，要重做两面小旗，面积各等于大旗的一半。为节约材料，想利用这一面旧大旗中的红布十字，分割制成两个小十字。因为十字形的大小需和旗的面积成比例，所以分割时需适当，使其没有丝毫浪费，即小十字的面积恰为原有大十字面积的一半。又为了缝合便利，分割的块数愈少愈好。请问应怎样分？

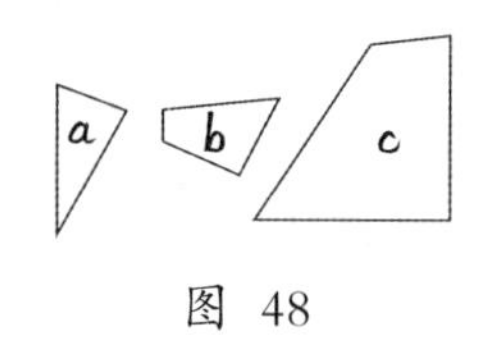

图 48

125. 巧合成方 有木片九块，如图48a、b、c每种各有三块，现在要把它们拼成一个大正方形，或拼成三个小正方形，试问应该怎样拼成？

126. 巧合成方 要把一个正五角形分割成最少的块数，拼成一个正方形，当用什么方法？

127. 巧合成方 有矩形纸一张，已缺去两角，各边长度的寸数如图49所示。现在要把它剪成最少的块数，拼成一个正方形，问：用何法？

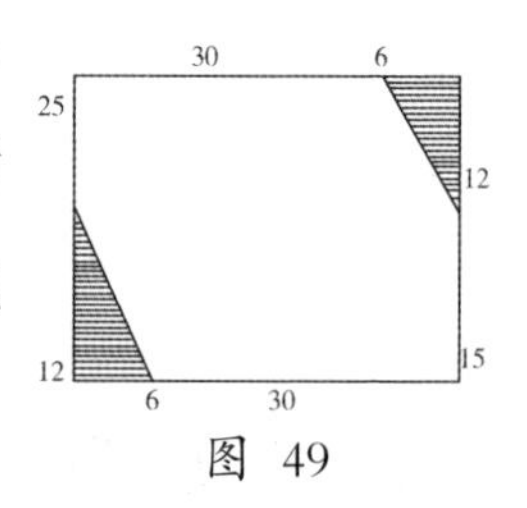

图 49

128. 巧合成方 某孩子拿了一张长5寸、宽1寸的矩形纸，请母亲剪成最少的块数，再拼成一个正方形。他的母亲想了好久，才把这纸剪成五块，拼成如图50所示的正方形。这一个孩子很高兴，拿去告诉他的哥哥。哥哥说："要是给我剪的话，只要剪四块就够了。"这孩子问他怎样剪法，哥哥说他年幼还不能明白，想来读者对数学已有研究，大概不难求到它的解法吧。

129.巧合成方　某人有木板两块，一为正方形，一为等腰直角三角形，如图51所示。现在要把它们分成最少的块数，拼成一个正方形的桌面，问用什么方法？

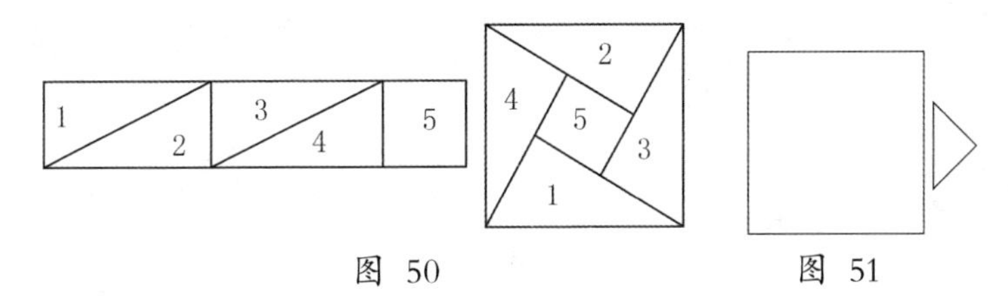

图 50　　图 51

130.巧合成方　图52所示的是一张五角形的纸，它是一个正方形和一个等腰直角三角形合成的，等腰直角三角形的斜边恰等于正方形的边长。读者试把它割成最少的块数，合成一正方形。

131.巧合成方　图53所示的纸，是在正方形内切去由对角线所分的四分之一而成。试分为五块，拼成一个正方形。

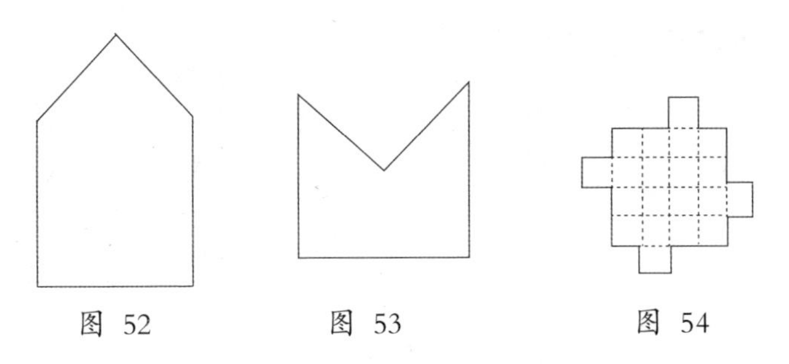

图 52　　图 53　　图 54

132.巧合成方 试分如图54的纸片为九块，合成四个正方形。

133.巧丹方板 一块正方形的硬纸，如图55的（a），试分为两块，合成（b）的形状，或（c）的形状，请问该如何分？

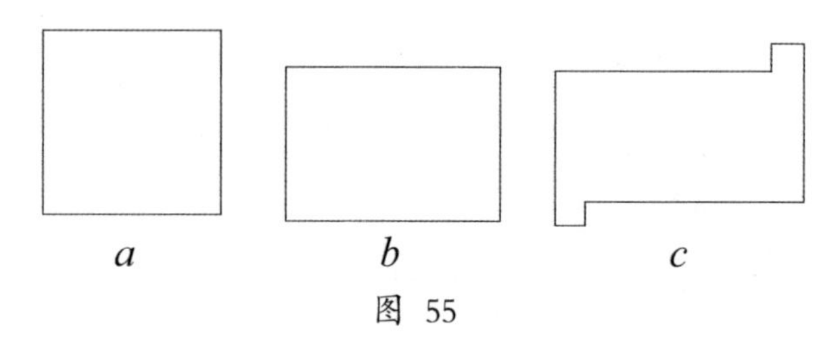

图 55

135.巧分六角星 有一个正六角星形，如图56的（a），把它分为7块，合成一个正方形，方法如下：

如图56的（b），依AB线和CD线剪下两个角，各平分为二，又利用几何学中求比例中项的作图法，求得AB和BC的比例中项是x，在AB和CD上各取BE和DF都等于x，联AF，再从E作AB的垂线，交AF于G，依AF和EG剪开，就剪成了7块，可合成如图56（c）的正方形。

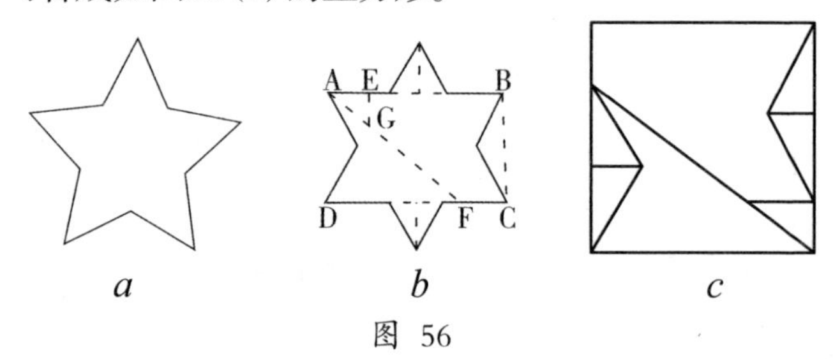

图 56

这样的剪法，虽然绝对精确，可用几何定理证明，但因所分的块数太多，还不是最完美的方法。如果我们规定只能分成5块，那么应该怎样剪呢？

136.巧分梯形　图57所示的一张梯形的纸片，是由一个正方形和一个等大的正方形按对角线对半折后拼合而成。试分成四块等大的图形。

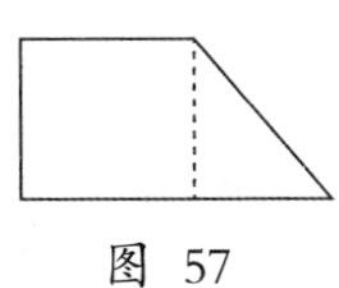

图 57

137.巧分三角形　试分割一个每边5寸的正三角形成五块，然后拼成两个或三个较小的正三角形，请问该如何分割？

138.巧分方板　某人有一块正方形木板，每边长5寸，现将板面上划线分成25个每边1寸的小正方形，又在各线相交处各钉一只铁钉，如图68所示。现在要把这块木板锯成最少的块数，使其合成两个大小不同的正方形，但因铁钉能伤锯齿，故锯时必须避去所有的铁钉。试问如何锯？又锯法有多少种？

139.方格难题　有一张方格纸，如图89所示，由每边12格、8格、4格和1格的四个正方形合并而成。试把它分成四块，合成一个正方形。

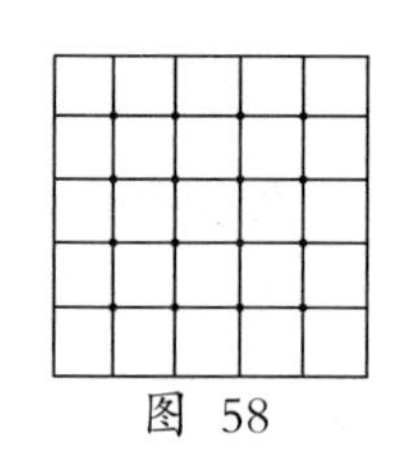
图 58

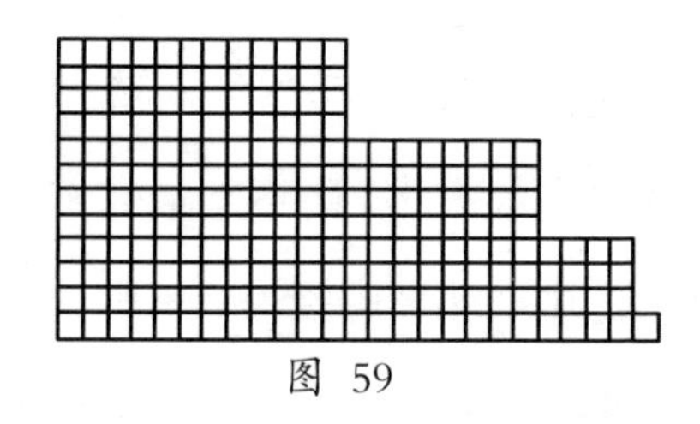
图 59

140.巧缝地毯 有两块正方形的地毯，如图60。现在要依格子线把它们分成四块，拼成一大正方形的地毯，仍需两种颜色相间，且凑合时不能反转或调换方向，那么该如何分?

141.补褥 图61是一块正方形补缀的褥子，共有169个小方格，是由若干小正方形拼凑而成的。试将这褥子分成小正方形，必须块数最少，且保持格子的完整。

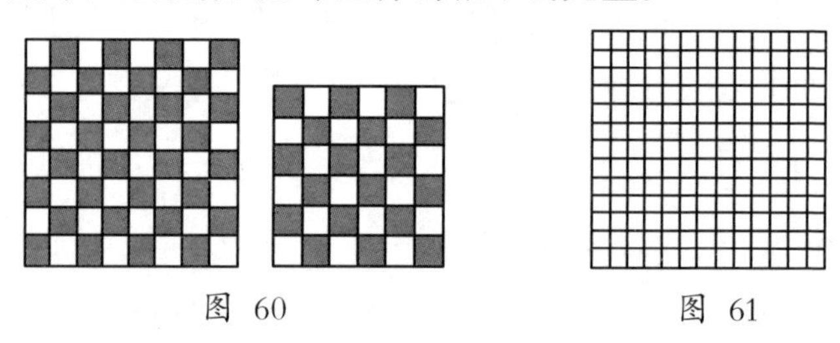
图 60　　图 61

142.丝褥 某老妇有一条丝褥，是她的六位孙女分织而成的。据她说六位孙女各织一正方形，面积虽各不同，但每正方形内所有方格的大小都相等。各人织成后只需把最大的一个正方形分为三块，就可和其余五个正方形拼成这一块每边14格的大正方形丝褥。如图62所示。问：这六位孙女是如何分织的?

143.狮旗 一块正方形的缛子，上面绣了两只狮子，如图63所示。试剪成四块，凑合而为两面正方形的旗，两旗的大小虽不相同，但需各有一狮，且剪时不能把狮子分开，试问该如何剪？

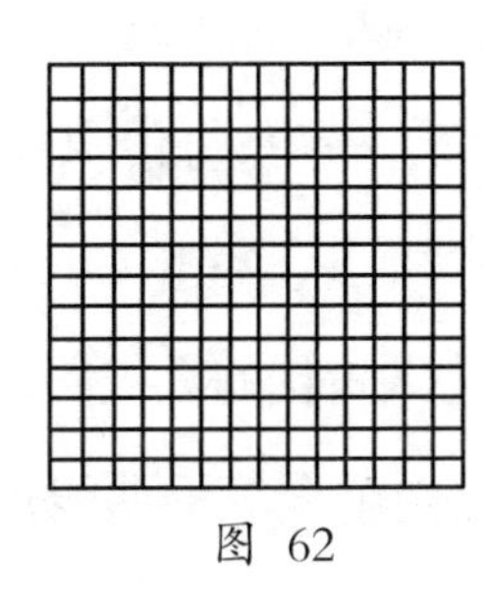
图 62

图 63

144.布垫难题 有正方形的花布一块，如图64所示。试剪作四块，每两块缝成一正方形的椅垫，但需沿原有的方格线剪开，且花样的配置仍如原样，究竟该如何剪呢？

145.隔猫巧法 在圆内画十只猫，如图65，试另画三个圆，把各猫完全分隔开，使其不在同一区域内，请问该如何画？

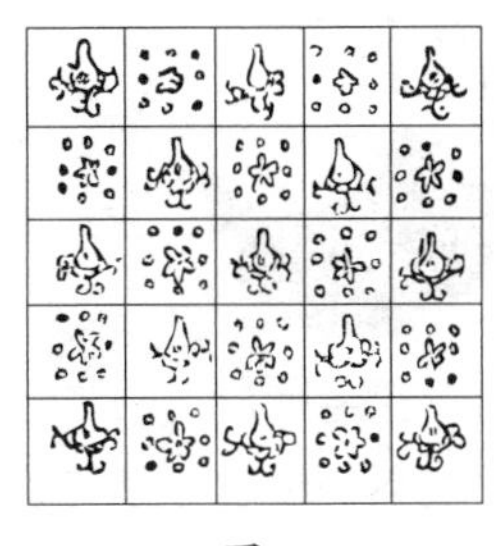
图 64

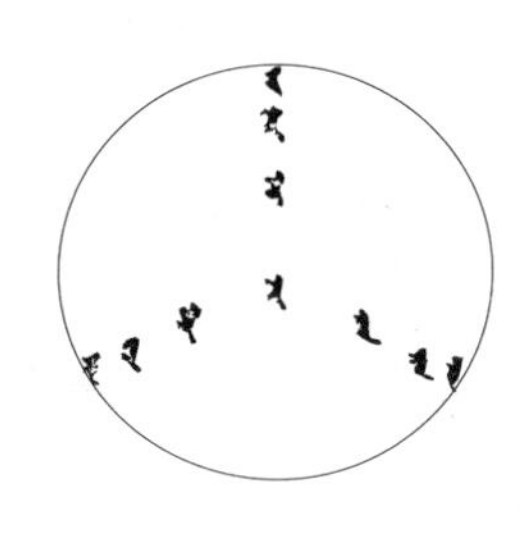
图 65

146.四童分饼 某人买了三张圆饼，拿回家来分给四个孩子。这三个饼的面积不同，大饼的面积恰等于中饼和小饼面积的和。现在要把这些饼平均分成四份，其中只有一份是两块的，其余三份都成整块，问：应该如何分？

147.筑墙难题 在一块正方形的地里，种果树十一株，如图66所示。现在要筑墙将这地分成十一份，每份中有树一株，但筑墙必须依直线方向，且数目要最少，问：该如何筑？

148.巧分太极 图67所示的是中国古代的太极图，其中内、外两圆有一定的比例，内圆分成两个全等的曲线形，以黑、白二色表示。试解答以下三题：

（1）内圆的面积和环形的面积哪一个大？

（2）求作一曲线，把黑、白两个曲形分成全等的四块。

（3）求作一直线，把黑、白两个曲形分成等面积的四块。

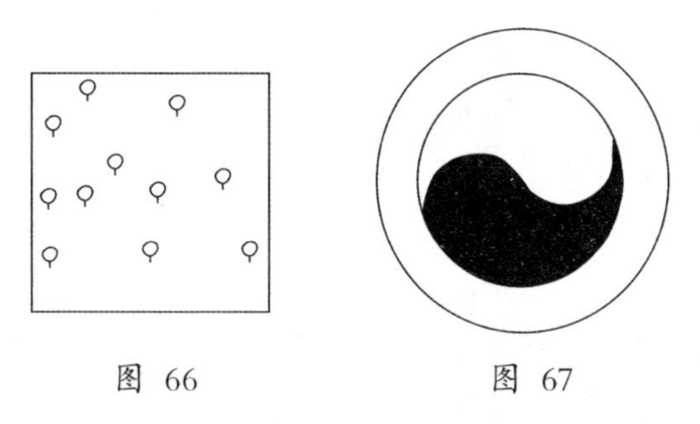

图 66　　图 67

149.圆桌难题 某人有一张小圆桌，脚已损坏，仅剩一个圆形的桌面。现在嫌这桌面太小，不预备另换新脚，想照图68所示的方法锯成8块，改作椭圆形的两个凳面。后来请木工把它锯开，配制凳脚，木工看了图样，说照这样锯法，凳面中间的孔太大了，怕不合适。于是木工重新画了图样，只锯成6块，也可以拼成两个椭圆的凳面，中间的孔很小。这人看了很满意，就请木工照这样改做。读者知道这木工所想的方法吗？

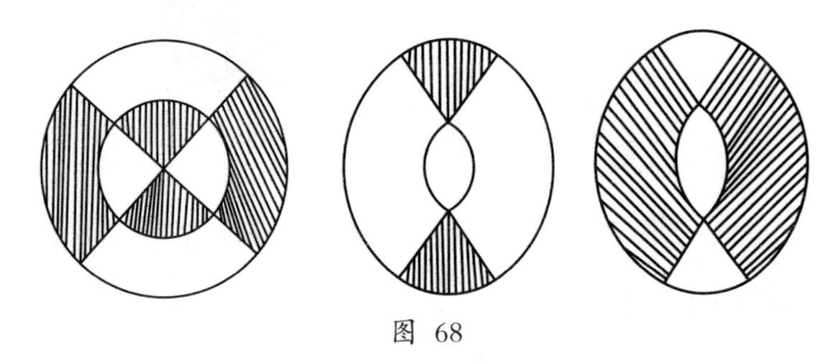

图 68

150.一剪成墨形　把一张纸折了几下，一剪刀就能剪成一个正五角星形，这方法你知道吗？

151.巧分正五角星　某级同学布置教室，裁好一张长方形的红纸，要想在上面粘贴五颗黄星，一个大的、四个小的，制成一面国旗。但因缺黄纸，所以无法做成。后来找到两张已经剪成大星的黄纸，某同学就开动脑筋，设法把其中的一颗大星剪成二十二块，恰好拼成四颗小星，于是国旗就制成了。试问这位同学是如何剪的？

152.剪纸巧思　有一张正方形纸，在角上缺去一块边长为原形一半的小正方形，如图69所示。现在要把它剪成四个和原形相似的全等形，只许剪两刀，问：该如何剪？

153.剪蛋成鹅　有一张像鸡蛋一样的纸，如图70的（a），试剪为三块，合成如（b）的一只鹅，请问该如何剪？

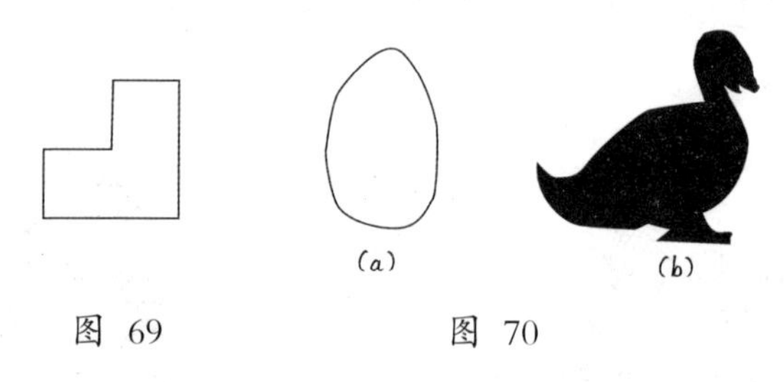

图 69　　　　图 70

154.巧组棋盘　某人取一张如图71的方格纸，想剪下A、B两个白色的小方块，补在空缺，制成一块黑、白相间的棋盘。他的朋友看见了，认为应剪成两大块，再拼合起来，比较来得巧妙。这人就请他的朋友代制，果然达到目的。你知道他的剪法吗？

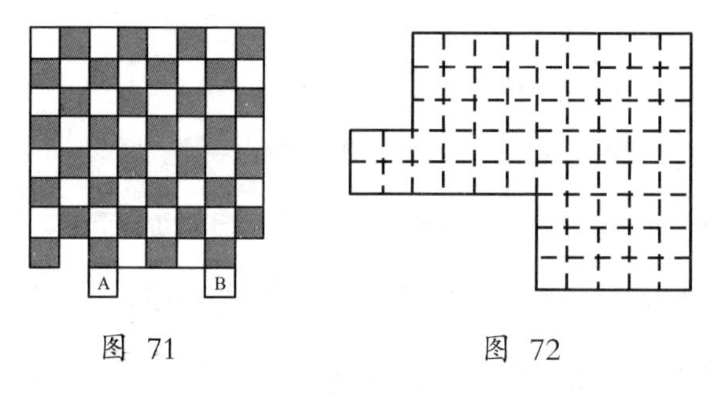

图 71　　　　图 72

155.巧组棋盘　某木工把如图72所示的一块木板，依格子线锯作两块，拼成一块每边八格的棋盘。你知道他的锯法吗?

156.棋盘里的矩形 一块每边8格的正方形棋盘里，含有许多大大小小的矩形和正方形，有人统计过，说一共有一千几百个。你能够把它们详细计算出来吗?

157.火柴难题 取火柴13根，排成如图73的形状，其中含六个全等形。试去掉一根，另行排成六个全等形，不能把火柴折断或重叠，请问该如何去掉?

158.火柴难题 火柴18根，排成两个矩形，如图74所示，其中一个大矩形的面积恰为小矩形的2倍。现在仍用18根火柴，改拼成两个四边形，使一形的面积是另一形面积的3倍；接着又拼成两个五边形，一形的面积是另一形的3倍，试问用什么方法?

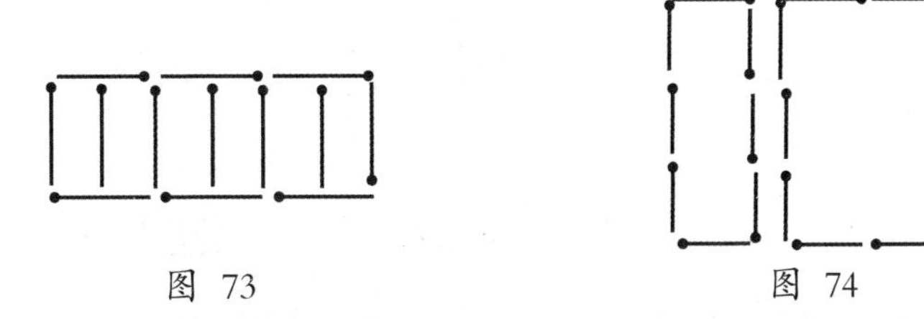

图 73　　　　图 74

159.排列手杖 某百货公司有手杖12根，其中的8根较长，4根较短，长的是短的2倍。售货员同志要想把它们装饰在精制的木板上，排成许多相等的正方形，但所有的手杖都需全部附着于木板，问：应如何排列？

160.单用圆规作图　你能够不用直尺，单用圆规求一条已知线段的中点吗？

161.整数勾股弦　第141题的答案里讲到的整数勾股弦，它的种数无限，求法也很多。在战国以前，有一本名叫《周髀算经》的书里曾记载过最简单的整数勾股法，即勾三、股四、弦五。后来在三国时期，魏国刘徽所辑的《九章算术》里，又记载了多种其他的整数勾股弦。但是这种数值的求法，要到清代的书中才有记录。读者能够知道它的简便求法，并举出不超过一百的各种整数勾股弦吗？

162.池心芦苇　《九章算术》里有一个关于勾股的问题：“方池每边长一丈，池底的中心生一根芦苇，透出水面的部分长一尺，把芦苇的顶端引到岸边，苇顶恰和水面相齐。问：池心水深和苇的长各是多少？”这一类的问题在印度数学里也有，叫作“印度莲花问题”，你能够把它解答出来吗？

163.圆桌求径　房间里的墙角放了一张圆桌，桌边和互相垂直的两墙面都相交接。现在只知道桌边上的某一点和两墙面的距离是9寸和8寸，你能够算出这张圆桌的直径吗？

164.布带相交　有甲、乙两根竹竿，甲长7尺，乙长5尺，都垂直立在地面上。现在用两条布带来连接两竿，一条从甲竿的上端连到乙竿的下端，另一条从甲竿的下端连到乙竿的上端。这两条布带一定有一个交点，竹竿在地面上所立的位置如果变换，这布带交点的位置当然也要变换，但交点和地面的距离则常相等。问：这距离应该是多少？

165.长绳度地　有矩形地一块，如图75，请建筑师在中央筑一矩形的鱼池，池的四边和矩形地四边的距离都相等，且池的面积恰为矩形地的一半。建筑师在未筑前先划好地的界线，但是他不用尺量，仅取一长绳测量，虽然没有知道尺寸，但能使池的面积恰占一半。试问他是用什么方法测量的？

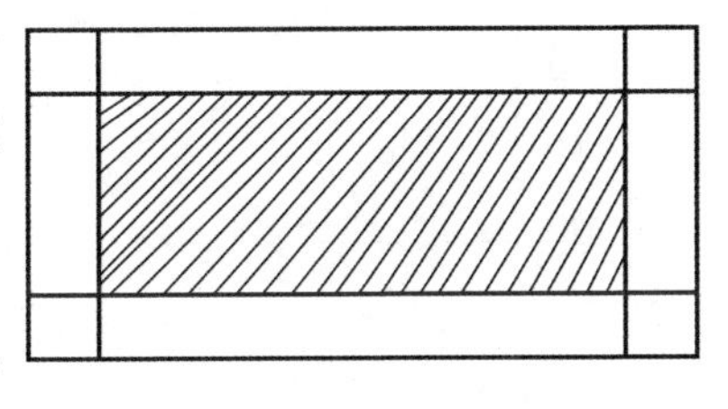

图 75

166.取乳捷径　某农妇每天要从她的住屋走到榨乳场上去榨取牛乳，但习惯必先到河边洗手，然后再到榨乳场，榨乳完毕，又必到河边洗手，然后回到家里。她家、榨乳场和河的位置，如图76所示。问：如果她要求一最短距离作为往来的途径，应该是怎样的呢？

167.改造鸡窠　某农人对于养鸡很有经验，据他说鸡窝的面积每1平方尺养鸡1头，最适合鸡生活。但是他不精于数学，用56尺的竹篱，围成长24尺、宽4尺的矩形鸡窠，面积是

96平方尺，仅可养鸡96头。现在要改造这鸡窠，使其仍成矩形且仍用56尺的竹篱，但需能养最多的鸡，问：这矩形应该是怎样的？

图 76

168.圆锥容柱 一位旋床工人，接到一个直圆锥体，如图77的(1)，要从这个直圆锥体旋切出一个直圆柱体，条件是必须去掉最少的材料，即如图77的(2)是失之过高，(3)是失之过低，应该要得到最大的体积。这位旋床工人想了一会儿，算得符合条件的直圆柱体的高，恰等于原有直圆锥体高的三分之一，就把它旋切出来。试问这是什么道理？

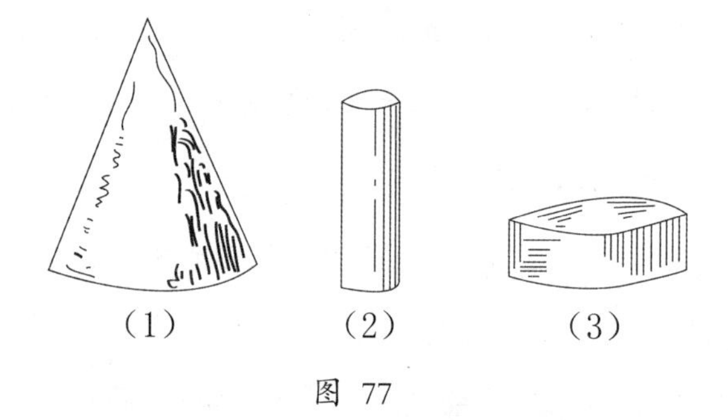

图 77

答 案

119.几何图形的分割 如图78所示的分割法，才是本题的正确答案，因为不是假想，没有一丝含糊，确确切切分成三整块，再拼成一个正确的等腰直角三角形。一般分割几何图形的问题，都要照这样的方法解答才对。

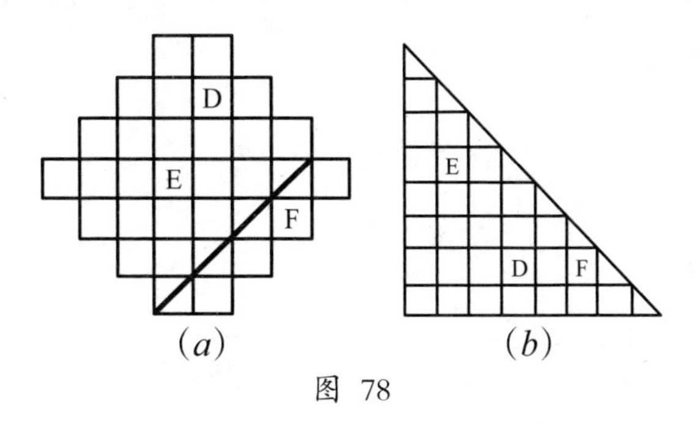

图 78

但还有一点需要注意：在图78（a）中分得的一块F，拼成（b）后已经把正反面对调了一下，这在普通情形虽没有妨碍，但遇特殊情形，例如，正面绘有图案时，那么反了过来，就不是最适合的答案了。我们以后所举的许多图形分割问题，如果没有特别指明，都可任意颠倒反正，不算违背题意。

120.分割十字形　如图79，把等腰直角三角形的两条腰各分为三等份，斜边分为四等份，依图示，适当地将各分点连接，可分原形为*A*、*B*、*C*、*D*四块，合成一个十字形。

如图80，把矩形的短边分为三等份，因长边是短边二倍，故可分长边为同样的六等份，依图示连接各分点，分原图形为*A*、*B*、*C*三块，可合成一个十字形。

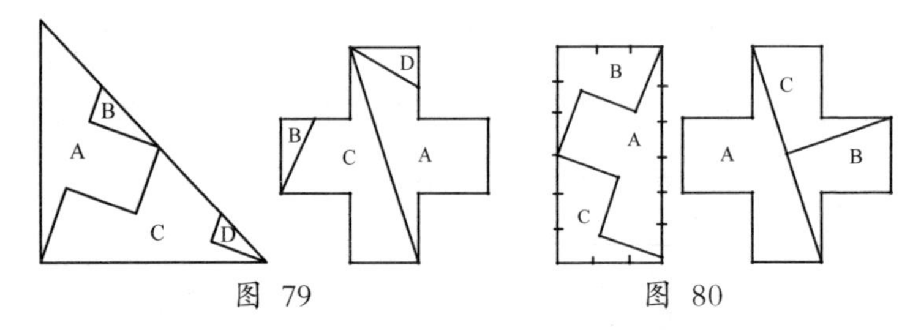

图 79　　图 80

121.巧成十字　答案见图81。

122.十字难题　答案见图82。

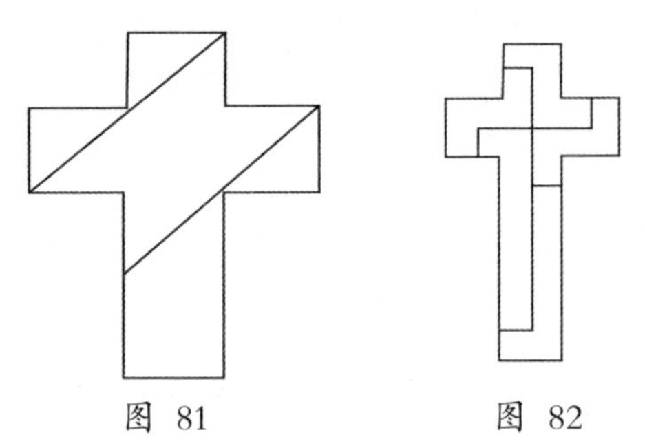
图 81　　图 82

123.一剪变形　先照图83（1）所示的虚线，折成（2）的形状，再照（2）中的虚线折成（3）的形状，于是照（3）中的虚线剪一刀，就可分成四块，可拼成（4）的正方形。

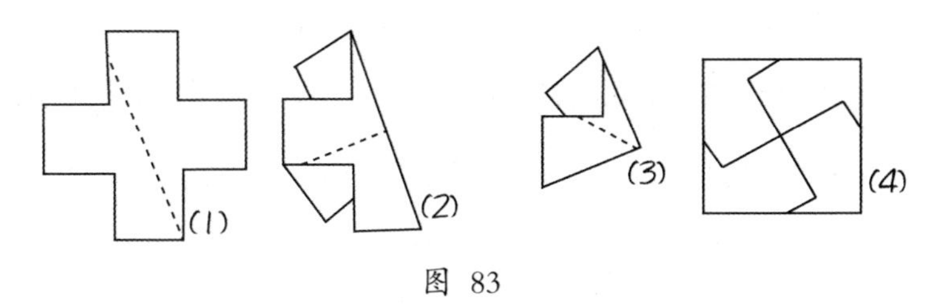

图 83

124.组台新旗 依图84左方所示的方法分割，除中间有一个小十字外，四面的四块又可合成如右方所示的一个小十字。

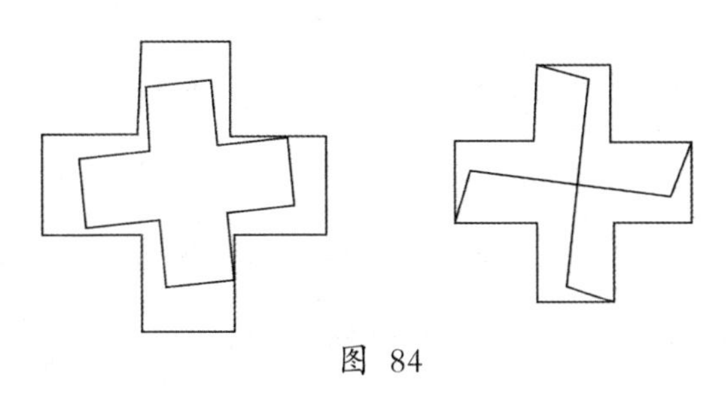

图 84

125.巧合成方 要合成一个大正方形，有两种不同的方法，如图85的甲和乙。若合成三个小正方形，则各形都如图85的丙。

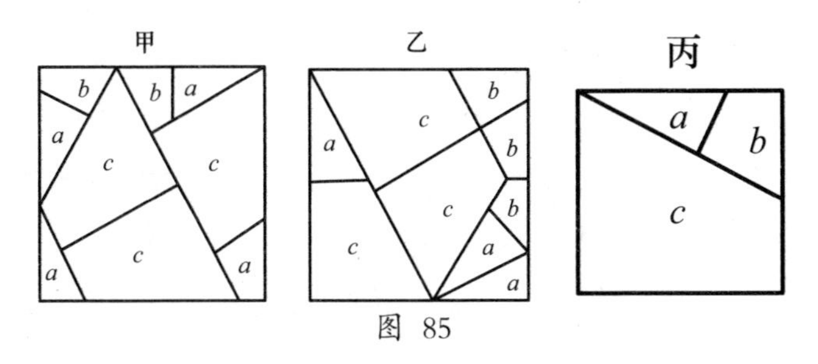

图 85

126.巧合成方 设如图86，正五角形为$ABCDE$，连接

AC，取中点F，又在AB上取$AM=AF$，依AC和FM两线切开，移$BCFM$于$AENG$，移AFM于ENH，就可拼成一个平行四边形$GHDC$。再量平行四边形$GHDC$的底HD和对于HD的高，求出这两种长度的比例中项，以C为中心，求得的比例中项为半径作弧，交ED于K，连CK，从G作$GL\perp CK$，交CK于L，然后移平行四边形$GHDC$中的3、4、6三块到左下方，就得所求的正方形$GLPQ$。

127.巧合成方　因原有矩形的面积是$36\times27=972$方寸，所缺两角的面积是$6\times12=72$方寸，故纸的面积是$972-72=900$方寸，拼成的正方形的边长应该是$\sqrt{900}=30$寸。又因这纸的上下两边刚好都是30寸，所以可依图87上方所示的方法剪成两块，像犬牙交错的形状，可移过一齿而拼成下方所示的正方形。

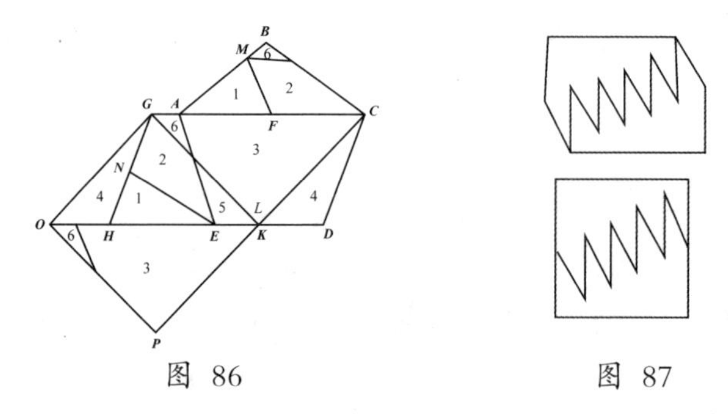

图 86　　　　图 87

128.巧合成方　先求矩形两边的比例中项，得$\sqrt{5\times1}=2.236$，就是拼成的正方形边长的寸数。于是如图

88，在矩形纸上先剪下2.236寸长的一个小矩形4，再剪下一条直角边长2.236寸的一个直角三角形2，然后把所余的梯形分成两块，一块五角形3的长也是2.236寸，另一块直角三角形1的长是5–2.236=2.236=0.528寸，照图标的位置，可拼成正方形。

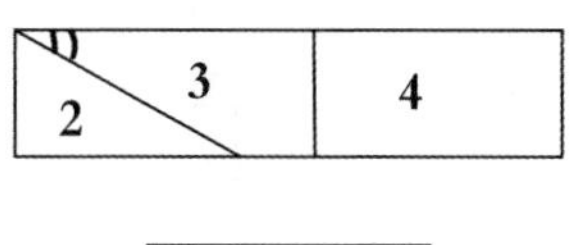

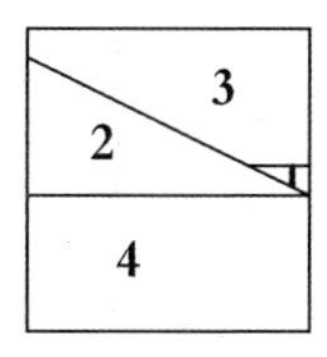

图 88

用上面的方法，任何矩形都可分割、拼成一正方形，但所分的块数有多有少。如果原矩形的长不满两边的比例中项的2倍，只需分成3块；如果大于2倍而小于3倍需分成4块（本题就是）；大于3倍而小于4倍则需分成5块，这样每多1倍就要多分1块。

129.巧合成方 如图89，把等腰直角三角形CDE的斜边CD合于正方形$ACLF$的一边CL上，在AC取$AB=\frac{1}{2}CD$，沿BE和BF切开，分原有二木板为a、b、c、d、e五块，把左方的C移到下方，上方的d和e移到右方就得。读者试自己设法证明。

130.巧合成方 如图90，取BC的中点A，依AD和AE割开，把分成的三块如图下方所示的位置拼合而成。

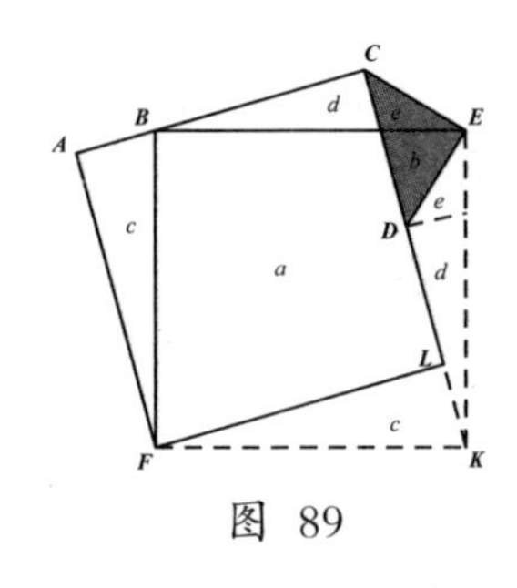

图 89

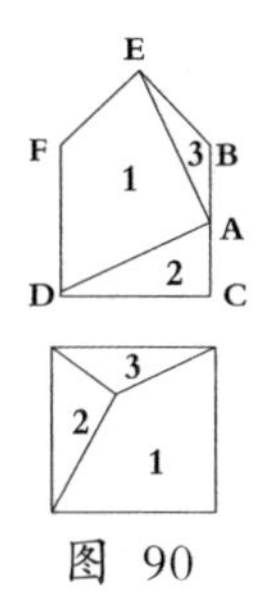

图 90

131.巧合成方 如图91的(*a*)，在*DB*的延长线上取*A*使$AB=\frac{1}{2}DB$，作*AE*//*BH*，以*B*为中心、*BH*为半径画弧，交*AE*于*E*，取*BC*=*AE*，又过正方形的中心*O*作*BD*的平行线*KG*，在*KG*上取$F=BC-\frac{1}{2}BD$，从*F*作*GD*的平行线，变*KC*于*L*，这样分得的五块，可拼成如(*b*)的正方形。

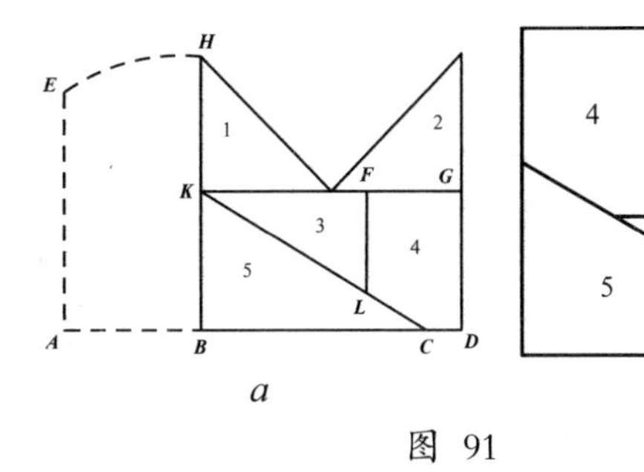

图 91

132.巧合成方 如图92，*E*是*AB*的中点，*F*是*CD*的中点，其余相当的点可以类推，在这样的八点间连四条直线，所得的*a*是一个正方形，两块*b*和两块*c*可各拼成一正方形，又四块*d*也可拼成

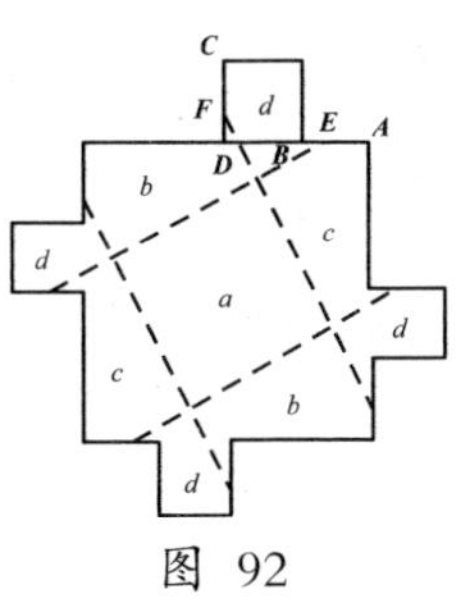

图 92

一正方形，共计九块，可拼成四个正方形。

133.巧分方板 照图93（a）所示的折线，分成阶梯形的两块，就可拼成（b）或（c）的形状。

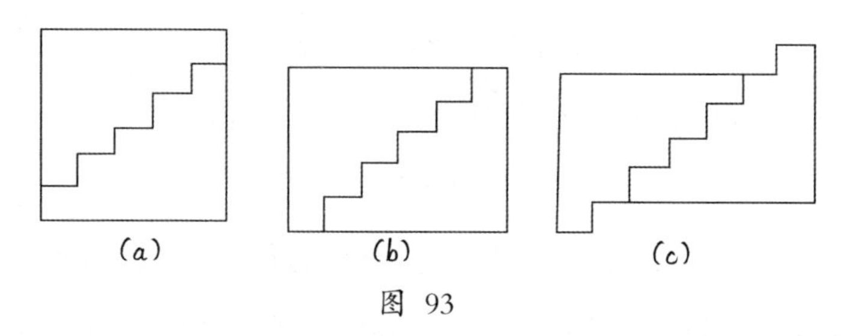

图 93

134.木工巧思 先在长边上取两个三等分点，再在短边上取中点，如图94，沿$ABCD$线锯成两块，就能合成一块长2尺、宽1尺8寸的板。

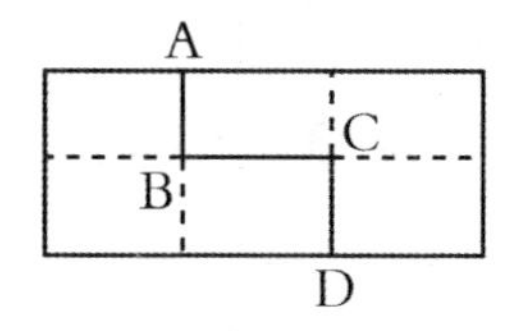

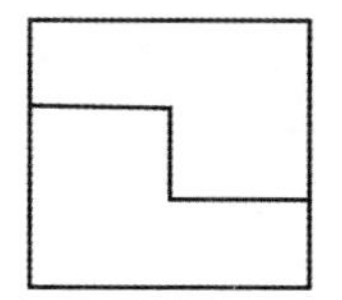

图 94

135.巧分六角星 如图95（a），先依AB线和CD线剪下两个角，再求AB和BC的比例中项x，以B为中心、x为半径画弧，交CD于E，则$BE=x$，是AB和BC的比例中项，即

$$\overline{BE}^2 = AB \times BC \cdots\cdots\cdots\cdots (1)$$

又从A作$AF \perp BE$，因

$$\angle AFB=90° = \angle BCE$$

$$\angle ABF=\angle BEC$$

所以 $\triangle AFB \backsim \triangle BCE$

$$AB:BE=AF:BC$$

$$BE\times AF=AB\times BC\cdots\cdots\cdots\cdots\cdots\cdots\cdots\cdots(2)$$

比较(1)(2)两式，得

$$AF=BE=x$$

所以再依BE和AF剪开，把所得的五块拼成如图95(b)的形状，它的各边都等于x，各角又都是直角，因而一定是一个正方形了。

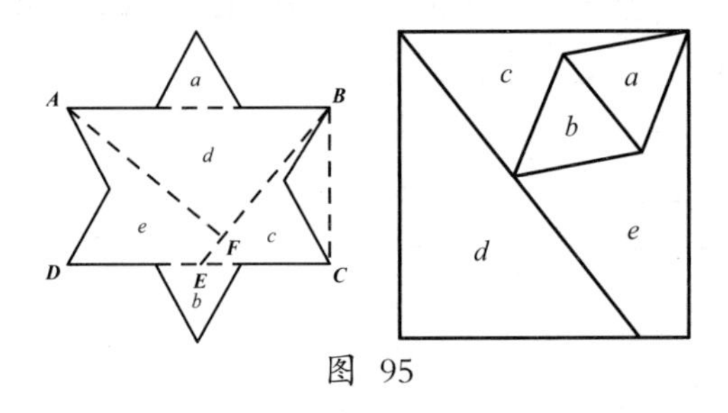

图 95

136.巧分梯形 分割的方法如图96实线所示。

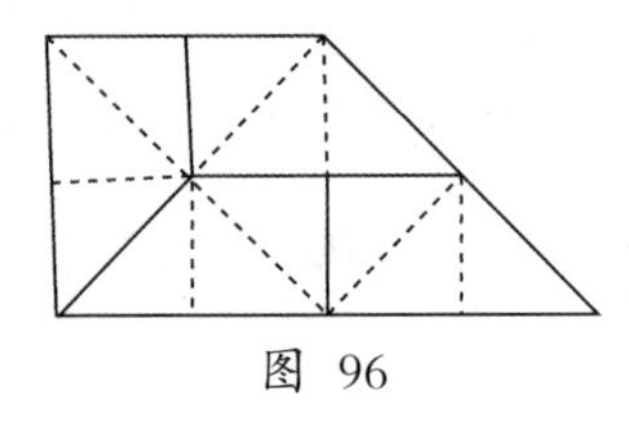

图 96

137.巧分三角形 如图97的(a)，先分两腰各成3寸和2寸的两份，再分底边为1寸、3寸和1寸的三份，连接各分点，得a、b、c、d、e五块。如果要凑成两个正三角形，可照（b）拼成一个，另一个就是a。如果要拼成三个正三角形，可照（c）（d）拼成两个，另一个也是a。

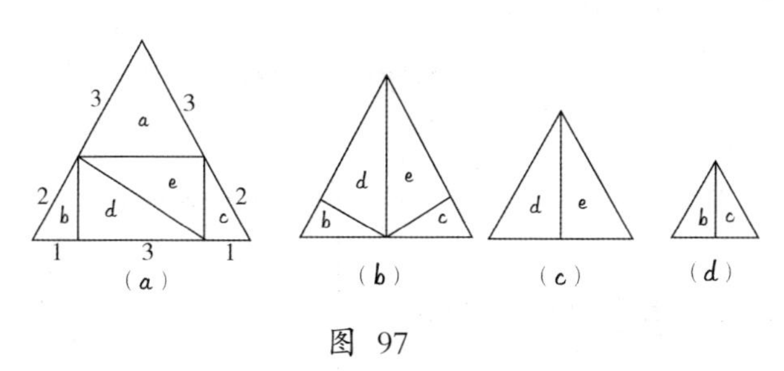

图 97

138.巧分方板 因为$5^2=3^2+4^2$，所以原有每边5寸的一个正方形，可分成每边3寸和每边4寸的两个正方形。但照这样分法，锯缝一定要碰到铁钉，所以必须利用别种有类似性质的数。根据商高定理，知道直角三角形的两条直角边——即勾和股如果是3和4，则斜边一定是5。这3、4、5是一组整数勾股弦。整数勾股弦的种数很多（可参阅第164题），我们只需利用除3、4、5及其倍数外的其他整数勾股弦，那就不至于碰到铁钉了。例如，另一组整数勾股弦是5、12、13，我们可以把原正方形的各边都分成13等份，划分而得$13^2=169$个小正方形，如图98

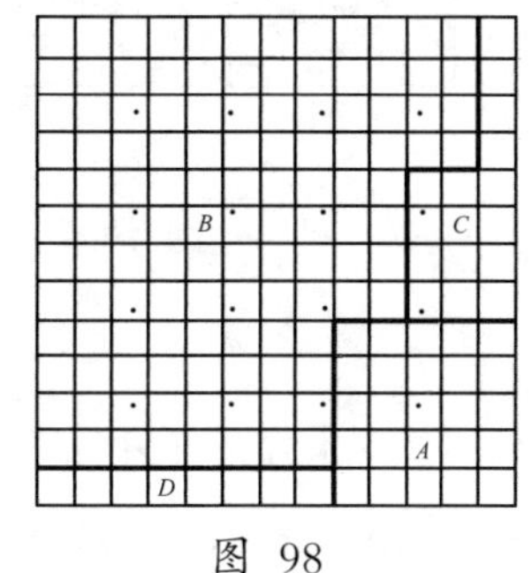

图 98

所示。因为从$13^2=5^2+12^2$，知道可以把它分作每边5个等份和每边12个等份的两个正方形，于是先割下一块每边5等份的小正方形*A*，再分其余的部分为*B*、*C*、*D*三块，又可拼成一个每边12等份的小正方形。

因为整数勾股弦的种数无限，所以本题的解法有无数种。

139.方格难题　依图99所示的三条线剪开，就可拼成一个正方形。图中所注的数字指方格的个数。

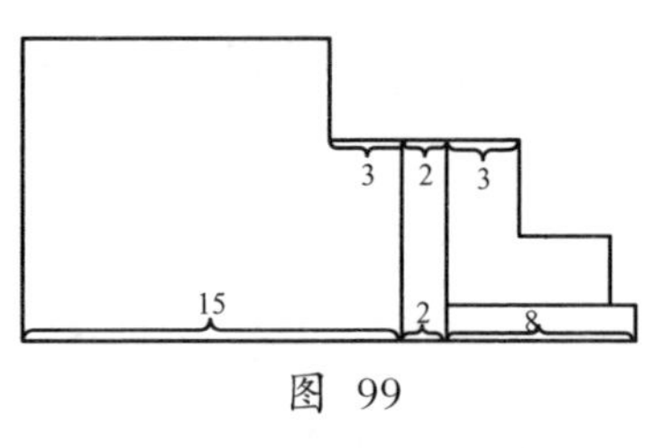

图 99

140.巧缝地毯　答案见图100。

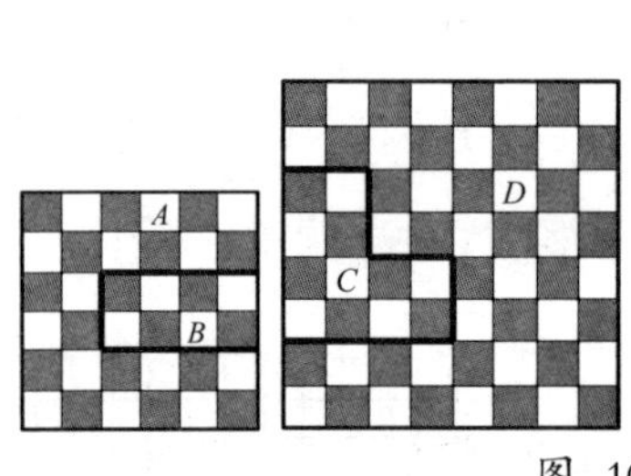

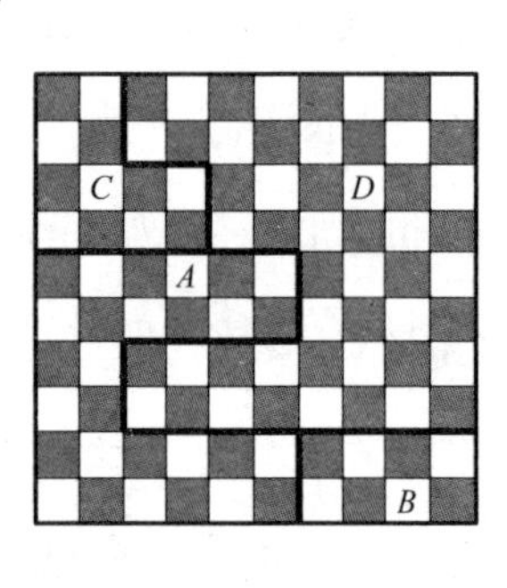

图 100

141.补褥　最少需分成十一块，如图101所示。

142.丝褥　先把这大正方形所有的格数196分成六部分，使各部分都是平方数，得下列三法：

（1）196=1+4+25+36+49+81

（2）196=1+4+9+25+36+121

（3）196=1+9+16+25+64+81

图102的（1）就是根据上列的（1）式拼成的，其中A的三块是由每边9格的正方形分割而成的。同样，根据（2）式而得图102的（2），三块B也是由一正方形分得的。根据（3）式的图留待读者自绘。

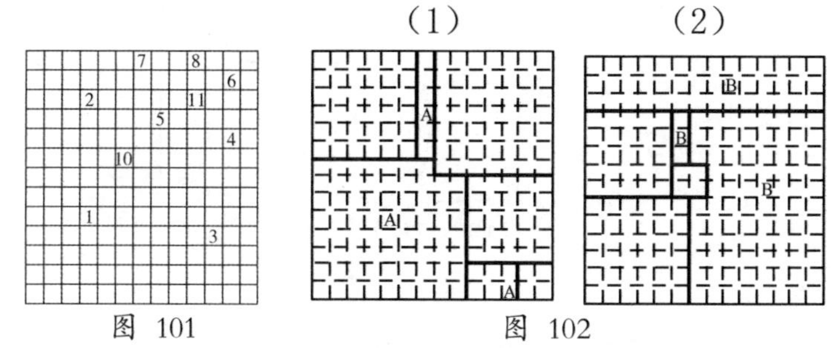

图 101　　图 102

143.狮旗　分原正方形为25个相等的小正方形，照图103剪开，两块A可拼成一大旗，两块B可拼成一小旗。

144.布垫难题　照图104分割，两块A和两块B可各拼成一正方形。

145.隔猫巧法　答案见图105。

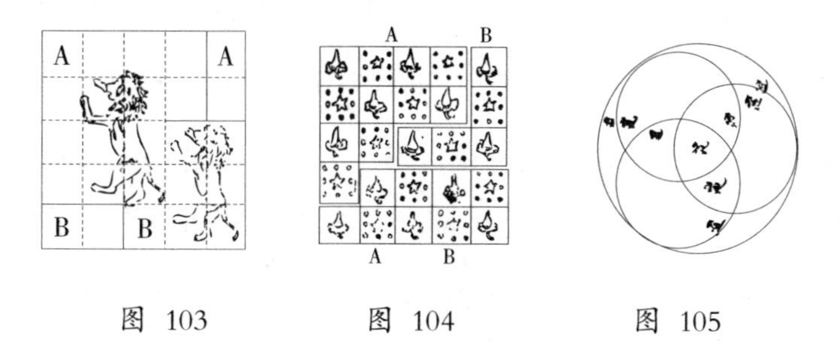

图 103　　图 104　　图 105

146.四童分饼　置小饼于中饼上，使两饼的边相切，如图106所示。从切点沿小饼的边把中饼切开，切到满小饼的半个圆周，接着就横断下来，得到半个新月形，和小饼拼成一份，如图中的（1）。又余下的中饼是第二份，如图中的（2）。再把最大的饼依直径分为两半，得图中的（3）（4）两份。

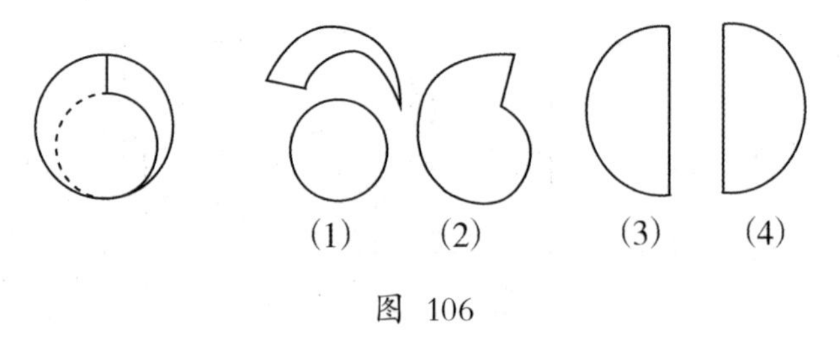

图 106

147.筑垣难题　最少要筑四墙，如图107所示。

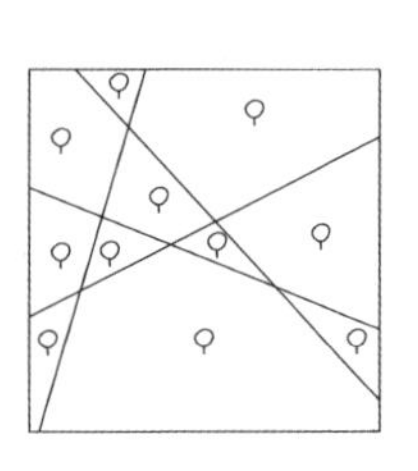
图 107

148.巧分太极　如图108的（a），设内圆的直径是AOB，则这圆里的一条曲线是由AO和OB做直径而向两侧的两个半圆所成。过A和B各作内圆的切线，各交外圆于C、D和E、F，验得CF和DE恰和内圆相切，所以$CDEF$是内接于外圆，而又外切于内圆正方形，$\overline{DF}^2$一定是$\overline{CD}^2$的2倍。但DF和CD各等于外、内两圆的直径，而外、内两圆的积例于$\overline{DF}^2$和$\overline{CD}^2$，故外圆的面积2倍于内圆的面积，即环形面积和内圆面积相等。这是(1)题的答案。

至于(2)题的答案则很简单，只需如图108的(b)，作直径$GOH \perp AOB$，以GO和OH各为直径向两侧作两个半圆即可。

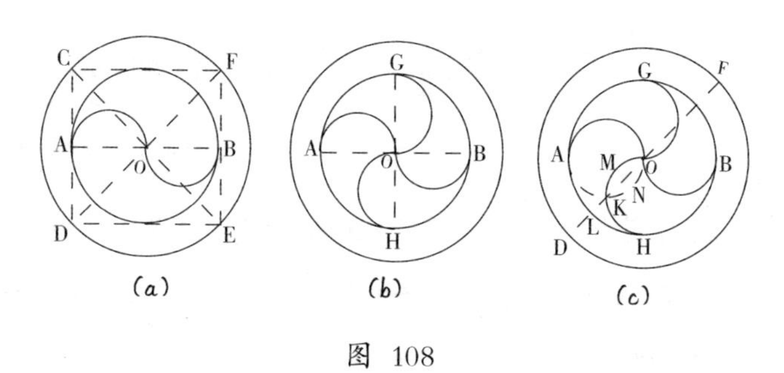

图 108

要解决(3)题，可再作出以AO为直径的另外半个圆，如图108的(c)，交以OH为直径的半圆于K，则前作正方形$CDEF$的对角线DF必通过K点。设DF交内圆于L，因⊙AOK和曲线形$AOMKH$都等于内圆的$\frac{1}{4}$，故必相等，两边各减去曲线形$AOMK$，得$OMKN=AKHL$，以2除得$KHL=OMK$。于是知

曲线形$AOL=AOMKL+OMK=AOMKL+KHL$

$=AOMKH=\frac{1}{4}$ ⊙$AHBG$。

故所求的一直线是DF。

149.圆桌难题　木工所想的方法，如图109所示，其中所有四弧的半径都和原圆的半径一样，正中一条斜线的长恰为任一纵线长的2倍。

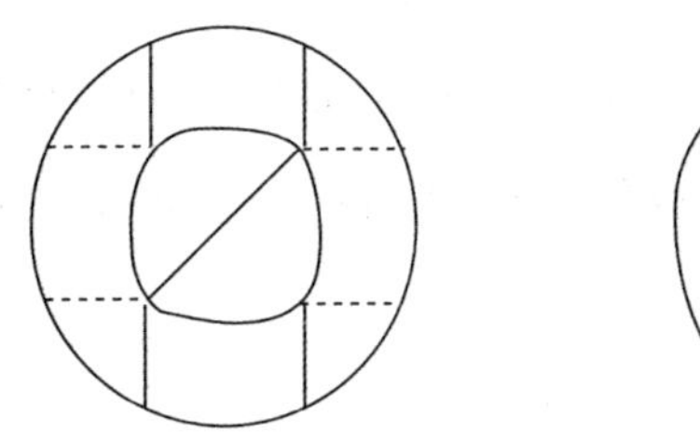
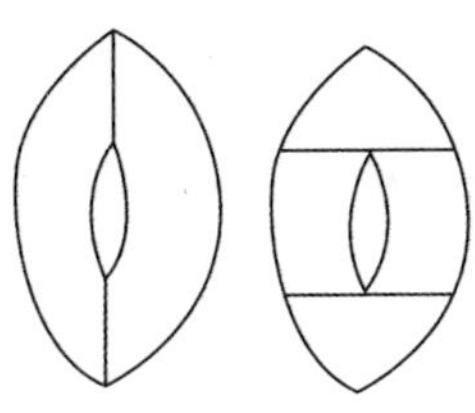

图 109

150.一剪成星形　如图110（1）（2）（3）所示，依次把纸对折，再折成五等份，这时的$\angle O$是36°。因为正五角星的每一个顶角是36°，现在已经把纸折成十层，必须要剪出顶角的一半，即18°的角。于是再把（3）对折成（4），得18°的$\angle O'$，依$O'D$线把尖角折上去，如图中的（5），又沿尖角的边画出一条AB线。最后把（5）还原而成（3），延长AB到C，依AC线剪一刀，就可展开而得如（6）的五角星。

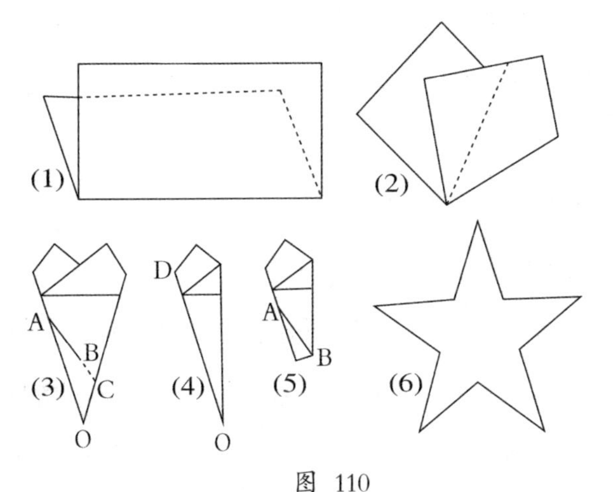

图 110

151.巧分正五角星　只要照图111（a）剪开，就能拼成（b）的四颗小星。这样的分割虽很巧妙，但原形和分得的形边长的比是2∶1，与国旗制作法的规定不符，因为照规定，大小两星边长的比应该是3∶1。

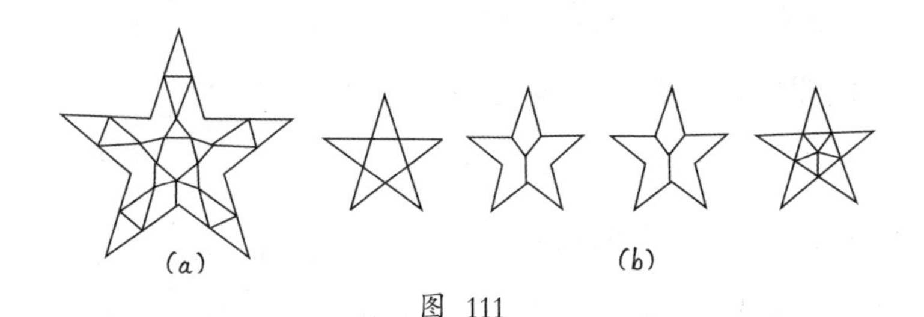

图 111

152.剪纸巧思　依图112（一）的虚线折两折，成（二）的形状。再依（二）的虚线剪两刀，展开后就成（三）的形状。

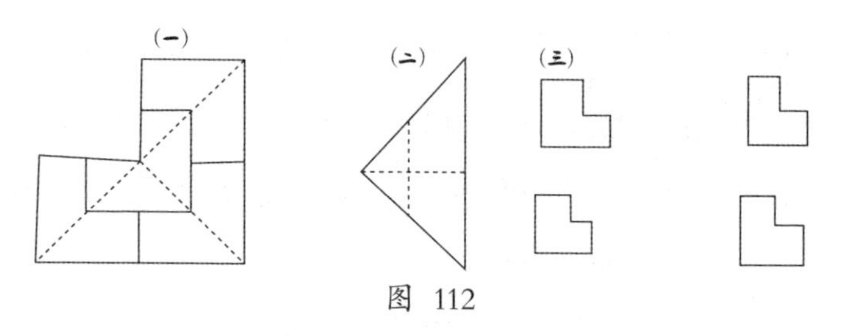

图 112

153.剪蛋成鹅　照图113剪开即可。

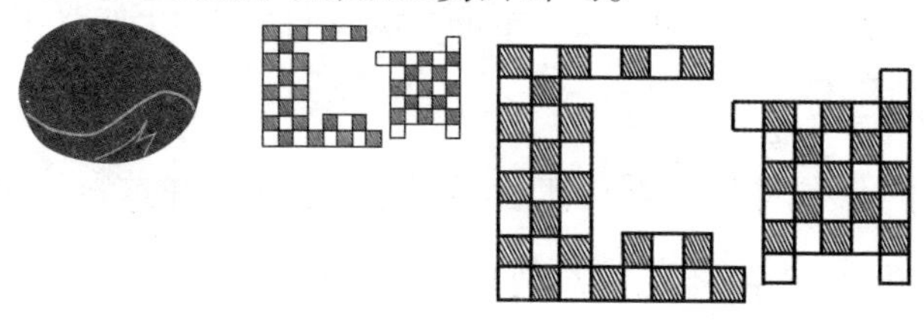

图 113　　图 114

154.巧组棋盘 分成如图114所示的两大块即可。

155.巧组棋盘 照图115的粗线锯开，把左边的一块旋转90°，和右边的一块拼合而成。

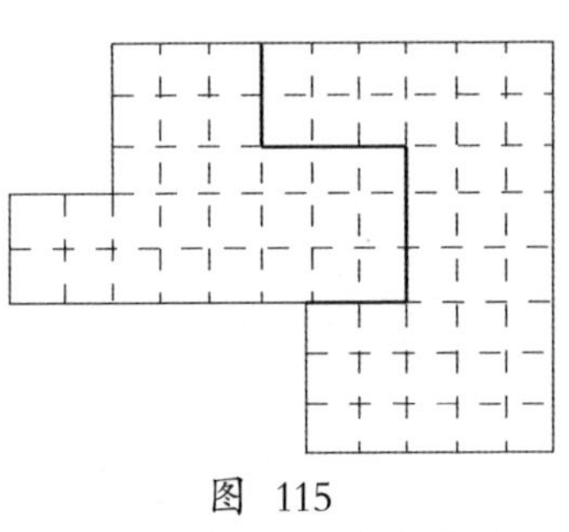

图 115

156.棋盘里的矩形 因为正方形就是一种特殊的矩形，所以我们先把棋盘里的普通矩形和正方形拼在一起合成矩形，来计算它们的总个数。为求普遍起见，假定棋盘是每边n格的正方形，设法求出一般的公式。

因为在矩形的高一定时，底可以是1格、2格、3格……$(n-1)$格或n格，而底是1格的有n种取法，底是2格的有$(n-1)$种取法，底是3格的有$(n-2)$种取法……底是$(n-1)$格的有2种取法，底是n格的仅有1种取法，所以就各种的底可能取出的矩形的个数是

$$n+(n-1)+(n-2)+\cdots 2+1=\frac{1}{2}n(n+1)$$

同理，在矩形的底一定时，就各种的高可能取出的矩形个数也是$\frac{1}{2}n(n+1)$。

但是各种的底都可配上各种的高，所以在这每边n格的棋盘里，所含的矩形的总数应是

$$\frac{1}{2}n(n+1)\times\frac{1}{2}n(n+1)=\frac{1}{4}n^2(n+1)^2$$

继续再把正方形和普通矩形分开来计算。先算这一块每边n格的棋盘里所含正方形的总数。算法很简单，因为易知每边n格的正方形有1个，每边（$n-1$）格的正方形有$2^2=4$个，每边（$n-2$）格的有$3^2=9$个，每边（$n-3$）格的有$4^2=16$个……每边2格的有$(n-1)^2$个，每边1格的有n^2个，所以一共的个数是

$$1^2+2^2+3^2+4^2+\cdots\cdots+(n-1)^2+n^2=\frac{1}{6}n(n+1)(2n+1)$$

再算普通矩形的总数是极容易的，只需把上得的两种结果相减，即

$$\frac{1}{4}n^3(n+1)^2-\frac{1}{6}n(n+1)(2n+1)=\frac{1}{12}n(n+1)(n-1)(3n+2)$$

以题中所设的$n=8$代入上面的三种结果，得矩形总数是

$$\frac{1}{4}n^2(n+1)^2=\frac{1}{4}\cdot 8^2\cdot 9^2=1296\text{个}$$

其中正方形

$$\frac{1}{6}n(n+1)(2n+1)=\frac{1}{6}\cdot 8\cdot 9\cdot 17=204\text{个}$$

有普通矩形

$$\frac{1}{12}n(n+1)(n-1)(3n+2)=\frac{1}{12}\cdot 8\cdot 9\cdot 7\cdot 26=1092\text{个}$$

157.火柴难题 如图116，用火柴12根，排成六个全等的正三角形，所有的火柴都未折断或重叠。

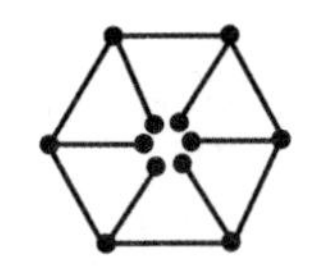

图116

158.火柴难题　设火柴每根的长是1寸，则在图117的（一）中，甲的面积是$4\times1\frac{1}{2}=6$方寸，乙形的面积是$2\times1=2$方寸，甲是乙的3倍。又在图117的（二），甲形含全等的正三角形15个，乙形合5个，甲也是乙的3倍。

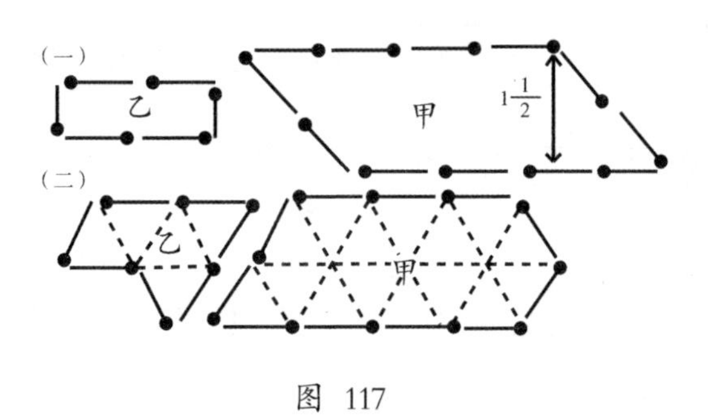

图 117

159.排列手杖　12根手杖要全部附着在板上，而排成许多相等的正方形，只有如图118所示的一种方法。

160.单用圆规作图　如图119，设已知线段是AB，单用圆规求它的中点，作法如下：

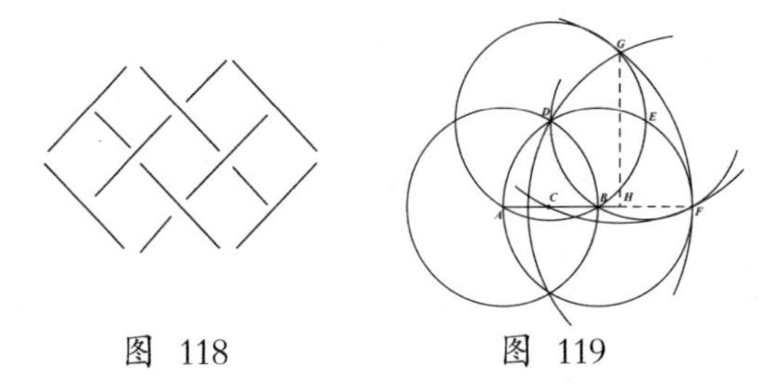

图 118　　　　图 119

（1）以A、B各为中心，AB的长为半径作A、B两圆，其一交点为D。

（2）以D为中心，原长为半径作圆，交B圆于E。

（3）以E为中心，原半径作圆，交B圆于F。

（4）以A为中心，AF为半径作圆；F为中心，FD为半径作圆，两圆相交于G。

（5）以G为中心，GF为半径作圆，交AB子C，则C点就是AB线段的中点。

这一个作图法的证明如下：

设$AB=a$，则A、D、E、F各是B圆的内接正六角形的顶点，故A、B、F三点在一直线上，且$\triangle ADF$是直角三角形，于是得 $GF = DF = \sqrt{\overline{AF}^2 - \overline{AD}^2} = \sqrt{(2AB)^2 - \overline{AB}^2} = \sqrt{4a^2 - a^2} = \sqrt{3}a$，但$AG=AF=2AB=2a$，故若作$GH \perp AF$，由三角形已知三边求高的公式，可求$\triangle AGF$的高$GH$。现在先求$\triangle AGF$半周，得$\frac{1}{2}(2a+2a+\sqrt{3}a)=\frac{4+\sqrt{3}}{2}a$，故

$$GH=\frac{2}{2a}\times\sqrt{\frac{4+\sqrt{3}}{2}a\left(\frac{4+\sqrt{3}}{2}a-2a\right)\left(\frac{4+\sqrt{3}}{2}a-2a\right)\left(\frac{4+\sqrt{3}}{2}a-\sqrt{3}a\right)}$$

$$=\frac{1}{a}\sqrt{\frac{4+\sqrt{3}}{2}a\cdot\frac{\sqrt{3}}{2}a\cdot\frac{\sqrt{3}}{2}a\cdot\frac{4-\sqrt{3}}{2}a}=\frac{1}{a}\sqrt{\frac{16-3}{4}\cdot\frac{3}{4}a^4}$$

$$=\frac{1}{a}\cdot\frac{\sqrt{39}}{4}\cdot a^2=\frac{\sqrt{39}}{4}a$$

$$HF=\sqrt{\overline{GF}^2-\overline{GH}^2}=\sqrt{(\sqrt{3}a)^2-\left(\frac{\sqrt{39}}{4}a\right)^2}=\sqrt{3a^2-\frac{39}{16}a^2}$$

$$=\sqrt{\frac{9}{16}a^2}=\frac{3}{4}a$$

但 $CH=HF=\frac{3}{4}a$，故

$$AC=AF-CF=AF-2HF=2a-2\times\frac{3}{4}a=\frac{1}{2}a$$

即C是AB的中点。

161.整数勾股弦 现在把清代罗士琳的一种简易求法记录如下：

设m、n是任意的两个正整数，但$m>n$。以m^2+n^2为弦C的值，m^2-n^2为勾a的值，则由商高定，得股

$$b=\sqrt{c^2-a^2}=\sqrt{\left(m^2+n^2\right)^2-\left(m^2-n^2\right)^2}=2mn$$

$$\therefore\quad\begin{cases}a=m^2-n^2\\b=2mn\\c=m^2+n^2\end{cases}$$

顺次以从2起的连续整数代上式中的m，从1起的连续整数代上式中的n，可得整数勾股弦无数种。下表所举的是

数值不超过一百的27种。

m＼n	1	2	3	4	5	6
2	3、4、5					
3	8、6、10	5、12、13				
4	15、8、17	12、16、20	7、24、25			
5	24、10、26	21、20、29	16、30、34	9、40、41		
6	35、12、37	32、24、40	27、36、45	20、48、52	11、60、61	
7	48、14、50	45、28、53	40、42、58	33、56、65	24、70、74	13、84、85
8	83、16、65	60、32、68	55、48、73	48、64、89	39、80、89	18、96、100

162.池心芦苇　如图120，AB是生在池底中心的一根芦苇，透出水面外的部分$AC=1$尺。又水面$ED=10$尺，C是ED的中点，$BD=AB$。现在要求池心的水CB和芦苇的长AB。设$BC=x$尺，则$BD=AB=x+1$尺，$CD=\frac{1}{2}ED=5$尺，从商高定理，得方程式

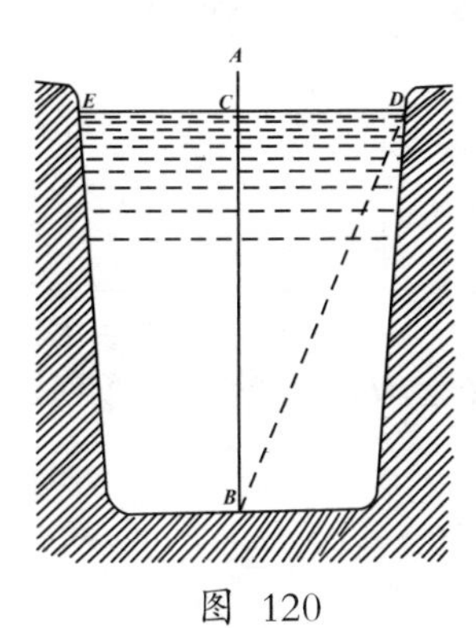

图 120

$$x^2+5^2=(x+1)^2$$

解得x=12，即池心水深12尺，故芦苇长12+1=13尺。

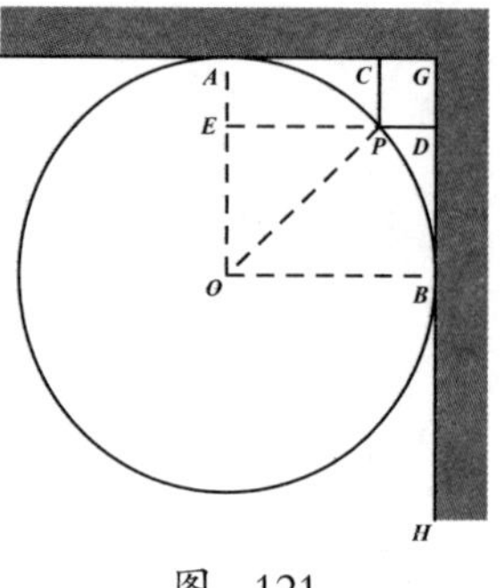

图 121

163.圆桌求径 如图121，设FG和GH是互相垂直的两墙面，圆桌O和它们分别相切于A、B，桌边上一点P和它们的距离PC=9寸，PD=8寸，求桌的直径的方法如下：

延长DP交OA于E，易知$AOBG$是正方形，$EOBD$和$AEPC$都是矩形，$\triangle EOP$是直角三角形。设$OP=x$，则

$$OE=OA-AE=x-9$$

$$EP=ED-PD=x-8$$

利用商高定理得方程式

$$(x-9)^2+(x-8)^2=x^2$$

解得x=5，x=29。因前一值与事实不符，故圆桌的半径是29寸，直径是58寸。

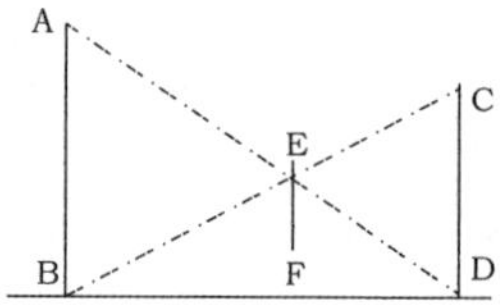

图 122

164.布带相交 如图122，BD是地面，AB和CD是直立的两根竹竿，AB=7尺，CD=5尺。布带AD、BC交于E，$EF\perp BD$。设所求的$EF=x$尺，因

$$\triangle ABD \backsim \triangle EFD$$

故 $AB:EF=AD:ED$

从分比定理，得

$$(AB-EF):EF=(AD-ED):ED$$

即 $(7-x):x=AE:ED$

但 $\triangle ABE\backsim\triangle CDE,\ AB:CD=AE:ED$

即 $7:5=AE:ED$

$$\therefore\quad (7-x):x=7:5$$

解得x=2.9，即布带交点距地面约2尺9寸。

165.长绳度地　如图123，$ABCD$是一块矩形地，建筑师先取长绳度AB，于是把绳对折后再对折，取AE等于$\frac{1}{4}AB$。同法又取$AF=\frac{1}{4}AD$。又取$EG=AF$，$HG=EF$，那么AH的长就是池边和矩形地的边的距离，鱼池的界线从此可以划出来了。

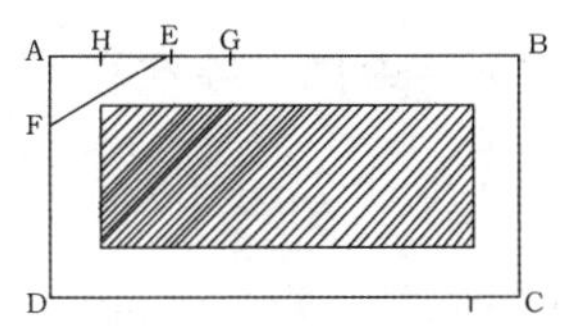

图 123

要研究这方法是否准确合理，可设$AB=a$，$AD=b$，$AH=x$，由题意得方程式

$$(a-2x)(b-2x)=\frac{1}{2}ab$$

化简得 $8x2-4(a+b)x+ab=0$

解得 $x=\frac{a}{4}+\frac{b}{4}-\frac{\sqrt{a^2+b^2}}{4}$

根据建筑师的方法：

$$AE=\frac{a}{4},EG=AF=\frac{b}{4},HG=EF=\sqrt{\left(\frac{a}{4}\right)^2+\left(\frac{b}{4}\right)^2}=\frac{\sqrt{a^2+b^2}}{4},$$

故

$$AH=AE+EG-HG=\frac{a}{4}+\frac{b}{4}-\frac{\sqrt{a^2+b^2}}{4}$$

恰和前式符合，所以知道这方法是准确合理的。

读者如果用实际的数假定矩形地的长和宽，可以把它计算一下。例如，设AB=16尺，AD=12尺，可算得矩形地的面积是192方尺，鱼池的面积是96方尺，后者恰为前者的一半。

166.取乳捷径　欲求一最短距离，必须在河边选择一个洗手的适当地点。这地点的求法如下：

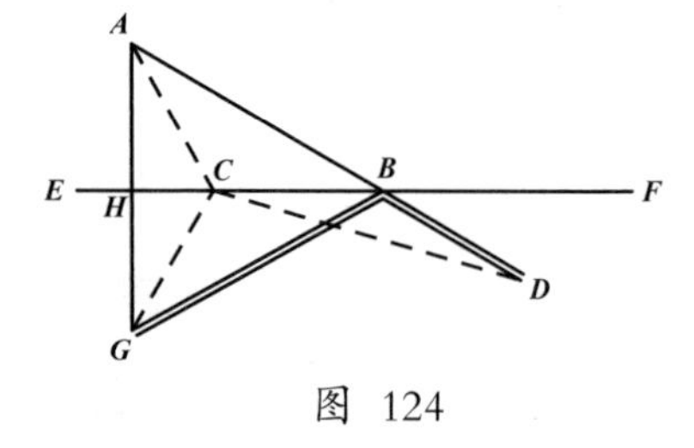

图 124

如图124，从农妇工作的地方G引一直线GA，使与河边EF垂直相交于H，且使$HA=GH$。农妇住屋的门口D和A连一直线，交河边于B，这B就是所求的点。

因为易知$\triangle GBH$和$\triangle ABH$全等，所以

$$GB+BD=AB+BD=AD$$

若在河边另外任取一点C，同理可知

$$GC+CD=AC+CD$$

但$AD<AC+CD$，故$GB+BD<GC+CD$，即从G经河边的B到D的路程，比从G经河边的其他任意点到D都要来得短，

所以依折线GBD的途径是最短的距离。

167.改造鸡窝 设这一个周围56尺的矩形鸡窝有最大面积时的长是x尺，那么宽是$56\div2-x=28-x$尺。再设这最大的面积是y方尺，得方程式

$$y=x(28-x)$$

化得 $$x^2-28x+y=0$$

就x解得 $x=\dfrac{28\pm\sqrt{784-4y}}{2}=14\pm\sqrt{196-y}$

因为x是实数，所以上式右边根号下的$196-y$绝不是负数，即

$$196-y\geqslant0$$

∴ $$y\leqslant196$$

我们的目的要使y最大，现在既知y小于196，或等于196，那么最大当然就是196。以$y=196$代入前面解得的式中，得 $x=14\pm\sqrt{196-196}=14$

故知鸡窝的面积最大时，长14尺，宽28−14=14尺，恰成一正方形，它的面积是196方尺，可养196只鸡，超过之前的一倍以上。

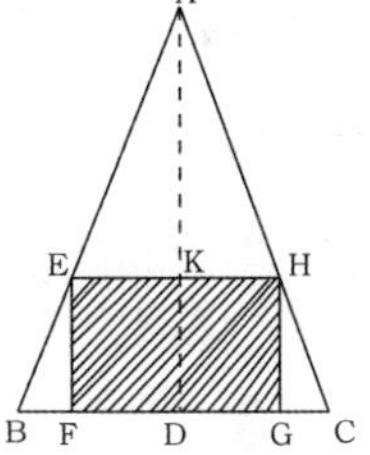

168.圆锥容柱 设如图125的ABC是沿这直圆锥体的轴线的截面，AD是直圆锥体的高（即轴线），用h来表示。又底面

A E K H B F D G C

图 125

的半径$BD=DC$，用R表示。从这直圆锥体中旋切出来的最大直圆柱体的截面是$EFGH$，它的上底和圆锥顶A间的距离AK，用x表示。又直圆柱体的底面半径FD或EK用r表示。因$\triangle ABD$和$\triangle AEK$相似。故

$$EK:BD=AK:AD$$

即 $r:R=x:h$， $r=\frac{Rx}{h}$

又因直圆柱的高KD等于$h-x$，所以它的体积是

$$V=\pi\left(\frac{Rx}{h}\right)^2(h-x)=\pi\frac{R^2x^2}{h^2}(h-x)$$

于是$\frac{Vh^2}{\pi R^2}=x^2(h-x)$

在上式左边的分式中，k、π、R都是定值，只有V不是定值。现在我们要设法求出x的一个值来，使V成为最大值。但是，如果V成最大值，当然$\frac{Vh^2}{\pi R^2}$也成最大值，即$x^2(h-x)$成最大值。那么x是多少的时候，$x^2(h-x)$才能达到最大值呢？要解决这一个问题，只需根据第121题的答案中所举的代数定理，就知道这式中有三个连乘的数x、x和$(h-x)$，如果它们的和数是一个定值，那么它们三者的乘积将在三者相等的时候为最大。我们要使这三者的和数成为定值，只要在前得等式的两边各乘以2，得

$$\frac{2Vh^2}{\pi R^2}=x^2(2h-2x)$$

这时右边三个连乘的数的和数是

$$x+x+(2h-2x)=2h$$

是一个定值，于是$x^2(2h-2x)$必在

$$x=2h-2x,\quad 即\quad x=\frac{2}{3}h$$

时达到最大值。由之前的等式可知，$\frac{2Vh^2}{\pi R^2}$在$x=\frac{2}{3}h$时达到最大值；因而，直圆柱的体积V也在$x=\frac{2}{3}h$时达到最大值了。因为$x=\frac{2}{3}h$就是$KD=\frac{1}{3}AD$，所以旋切出来的最大体积的直圆柱体，它的高恰为原有直圆锥体高的三分之一。

十　拼板游戏

问　题

169.七巧板　中国古时的七巧板，又名智慧板，是用一块正方形的木板或厚纸依图126分作七块制成的。用这七块板可以拼成种种形状，在业余时间可作消遣。在古书里所载的图式很多，有器物、文字、动植物、人事、风景等。现在略选几种作为代表，先绘成一个轮廓，如图127所示，每图都由整套的七块板拼成。读者可以自己先试拼一下，然后再看后面的答案。

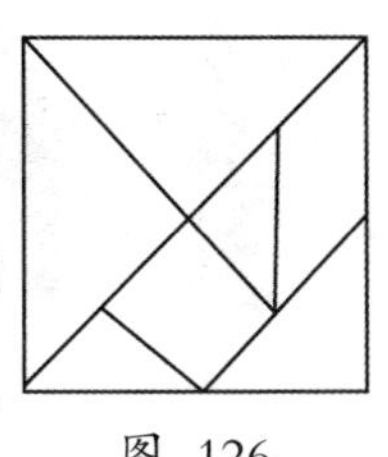

图　126

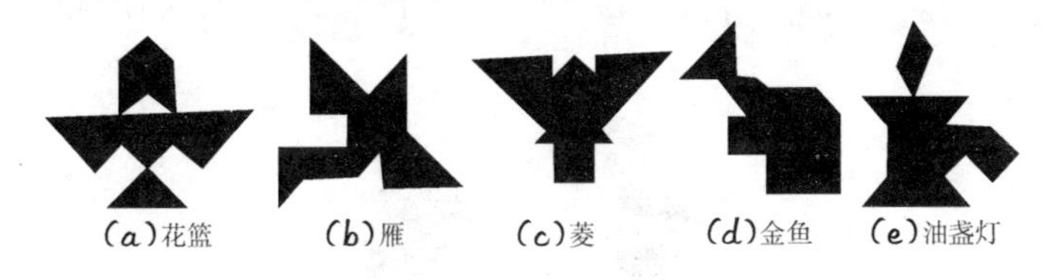

图　127

近代人又用七巧板排成许多新的图式，这里也来介绍几种。如图128的(a)(b)(c)三种，各用一套七巧板拼成，但(d)需用三套，两个人和一张桌子各一套，又如图129的音乐队，是用九套七巧板拼成的，其中的(a)是手弹琴者，(b)是正在倾听的狗，(c)是钢琴，(d)是弹钢琴者，(e)是吹喇叭者，(f)是大提琴，(g)是拉大提琴者，(h)是锣架，(i)是鼓和敲锣鼓者，每种用七巧板一套。还有如图130的两个人形，也各用整套的七巧板拼成，它们的头和手臂完全相同，身体下部的阔狭也一样，但左面的一个没有脚。试问这脚到哪里去了？

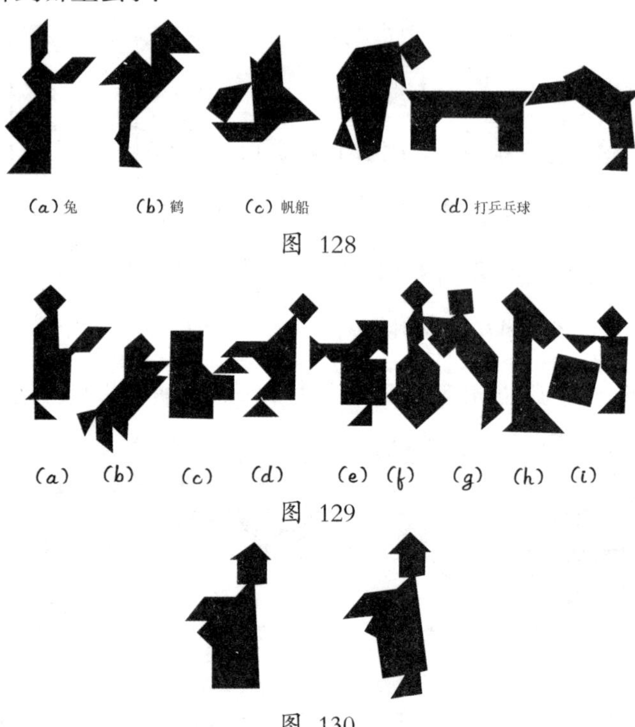

图 128

图 129

图 130

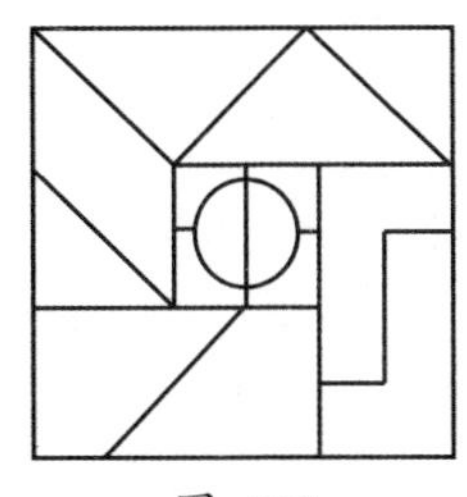

图 131

170.益智图 益智图是清末崇明童叶庚发明的，也用正方形的厚纸剪成，但共有十五块，剪法如图131所示。因为板的块数较多，形状又各式俱备，所以拼成的图样比七巧板更为神妙。现在选录排成器具的四种，如图132；故事和诗句的四种，如图133；再在原著千字文中选“中华人民共和国万岁”九字，如图134。这里都只画轮廓，让读者自己试拼之后，再参阅后面的答案。

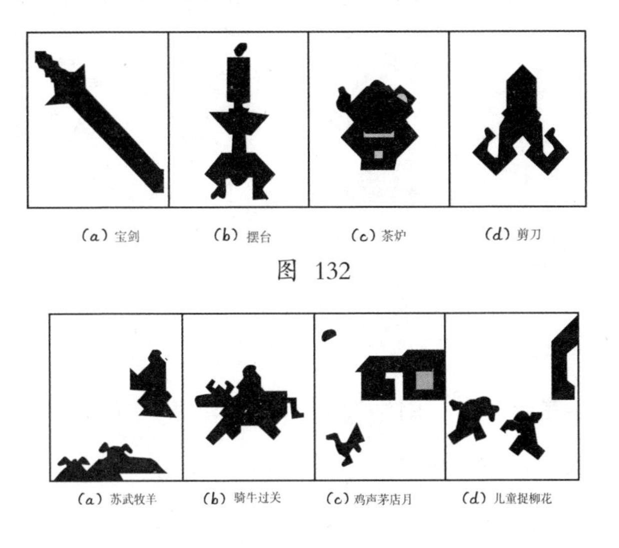

(a) 宝剑 (b) 摆台 (c) 茶炉 (d) 剪刀

图 132

(a) 苏武牧羊 (b) 骑牛过关 (c) 鸡声茅店月 (d) 儿童捉柳花

图 133

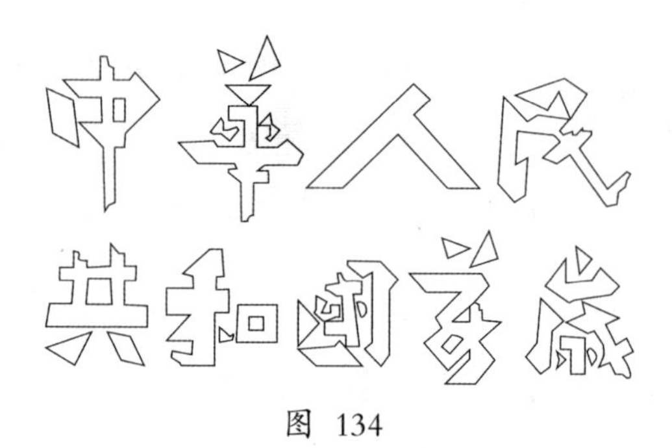

图 134

171.十字图 如图135所示的是一块由五个小正方形连成的十字形纸板，现在照图示的线把它剪开，共得十一块，可以拼合而成各种形状。图136所示的是其中的一部分。

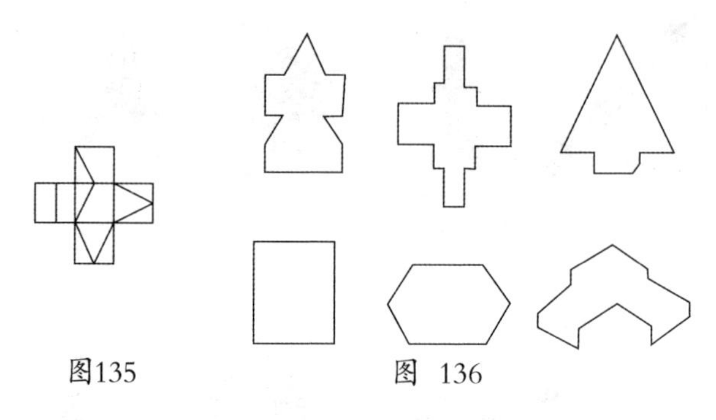

图135　　图 136

172.智慧圆板 用一块正圆形的纸板，照图137分成十块，也可以排成各种图形。图138所示的是比较美丽的八种。

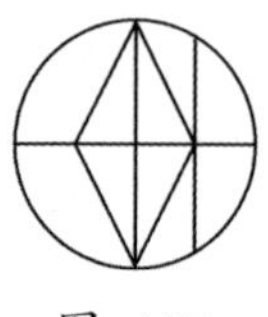

图 137

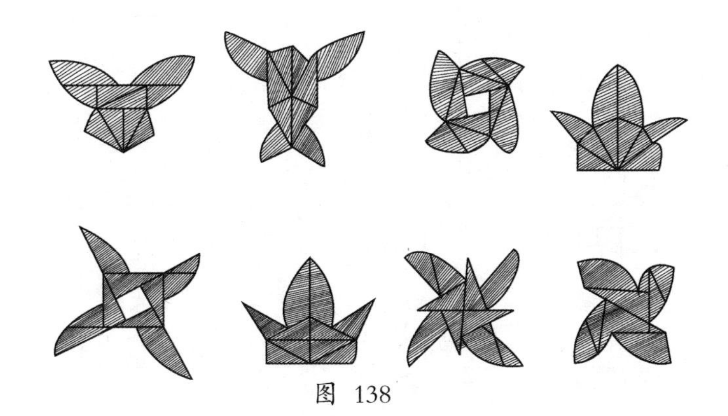

图 138

173.正方智慧板 用正方形的木板或厚纸划成64格，如图139的（a），相间着涂两种颜色，再照图139的（b）分成十四块。用这十四块重新拼成有间色方格的正方形，可得种种不同的拼法。在图140所示的九个正方形中，各有两块板已经固定，读者试把其余十二块拼入，看能不能成图139（a）的样子。

(a) (b)

图 139

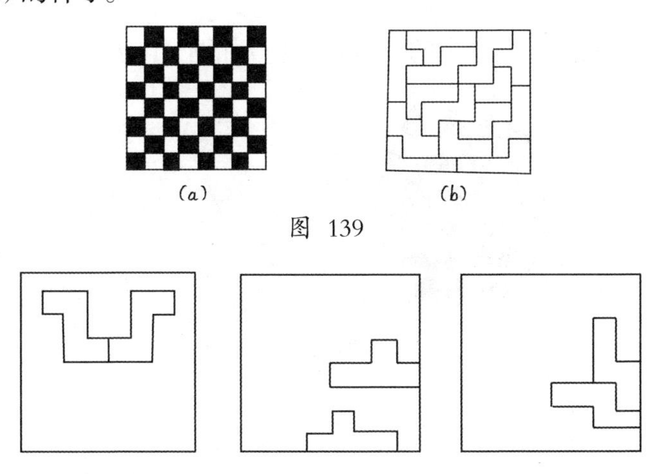

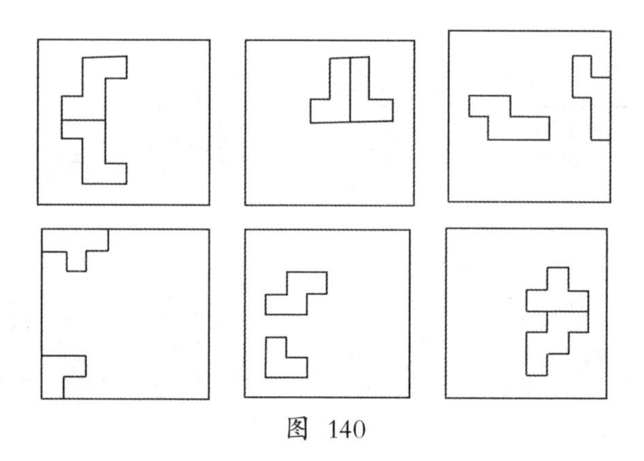

图 140

174.六角智慧板 六角智慧板，又名六合图，和正方智慧板类似，用正六角形的厚纸照图141的（a）划成54个正三角形，相间着涂两种颜色，再照图141的（b）剪成十一块。把这十一块板重新拼成如图141（a）的形状，可得一百余种不同的排列方法，从前有一位名叫西冷钓徒的曾著专书讨论。在图142所示的十二个正六角形中，已有一块或两块板的位置固定，试把其余的板排入，使成如图141（a）的形状。

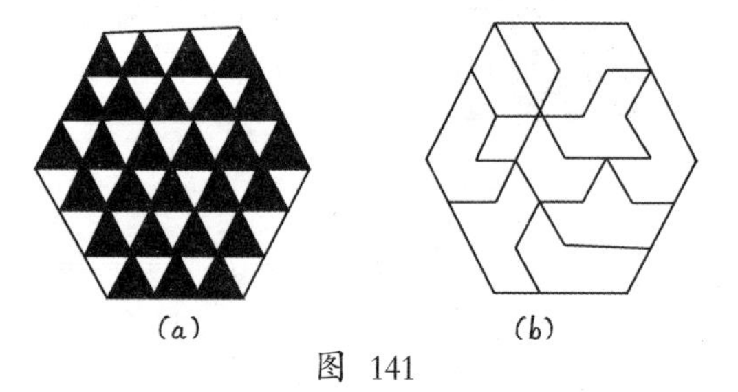

图 141

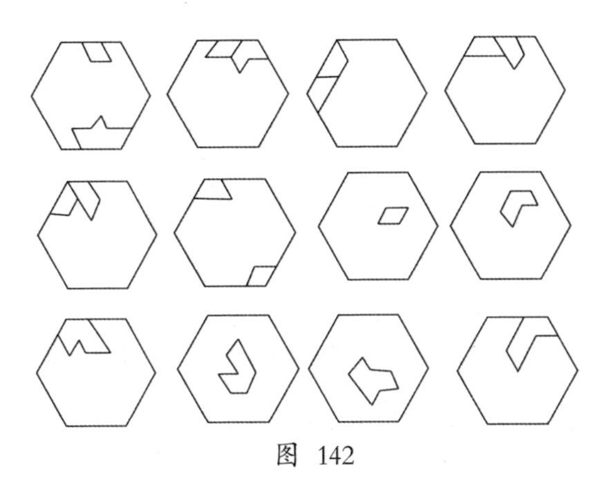

图 142

175.三角智慧板　照图143（a）的样子，制成十一块厚纸板，各板的形式各不相同，都含有正三角形若干个，分涂两种颜色。现在要把这十一块板排成如图143（b）的一个大正三角形，其中所含许多小正三角形的颜色恰成相间。读者不妨试排一下，看能不能成功，并研究能有几种排法。

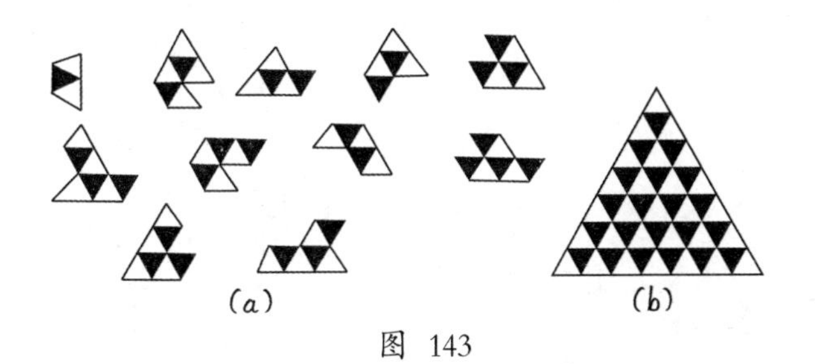

图 143

答　案

169.七巧板　图127的五种形式是照图144排成的，图128和129分别照图146和146排就成。

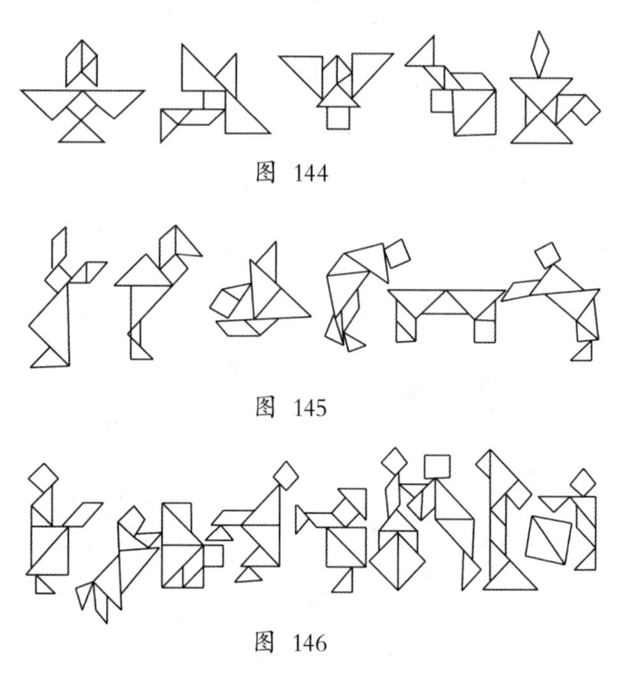

图 144

图 145

图 146

还有图130右面一个人的脚，在左面已搬到胸前，原来形成右面躯干的三块三角形板，在左面已换了方向，看图147就可以明白。其中左面*AB*线上的一斜条面积恰可和右面的脚相抵。

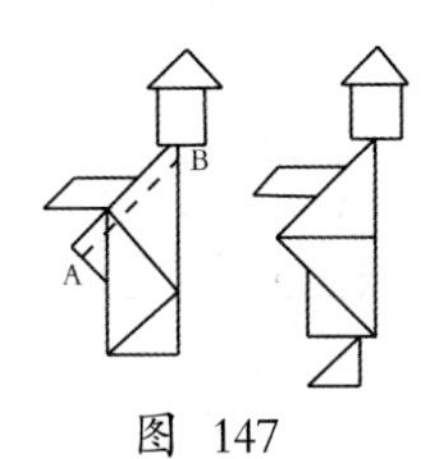

图 147

170.益智图 答案如图148、149和150所示。

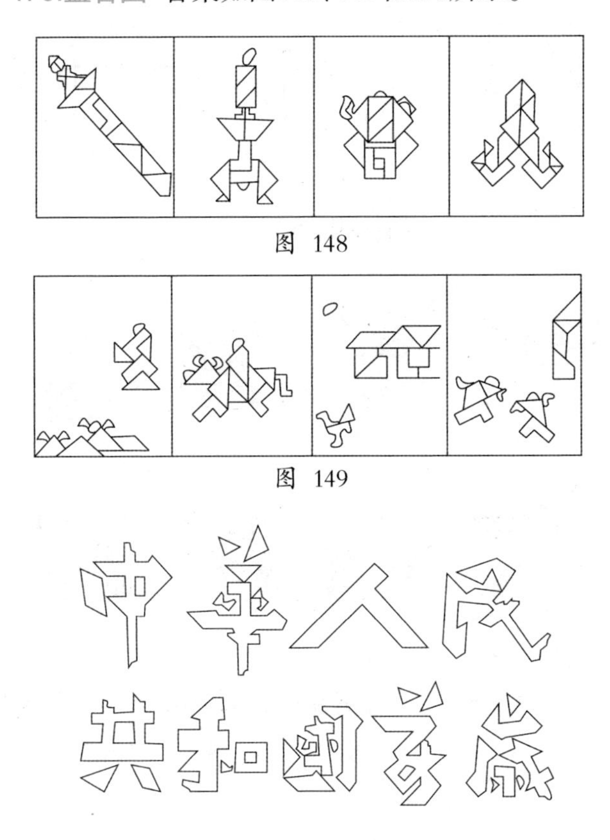

图 148

图 149

图 150

171.十字图 答案见图151。

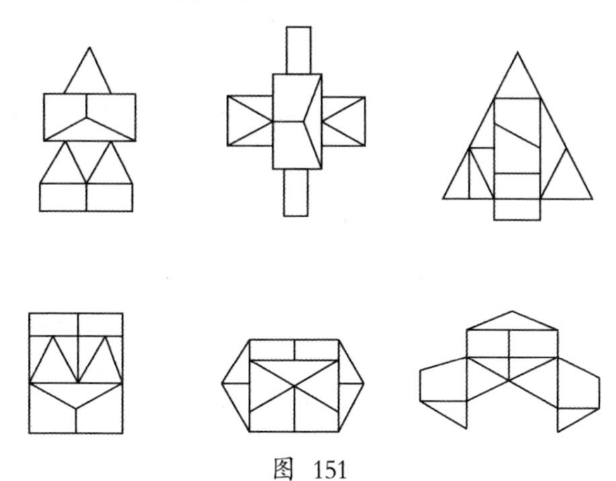

图 151

172.智慧图板 答案见图152。

图 152

173.正方智慧板 答案见图153。图中有○号的是固定的板。

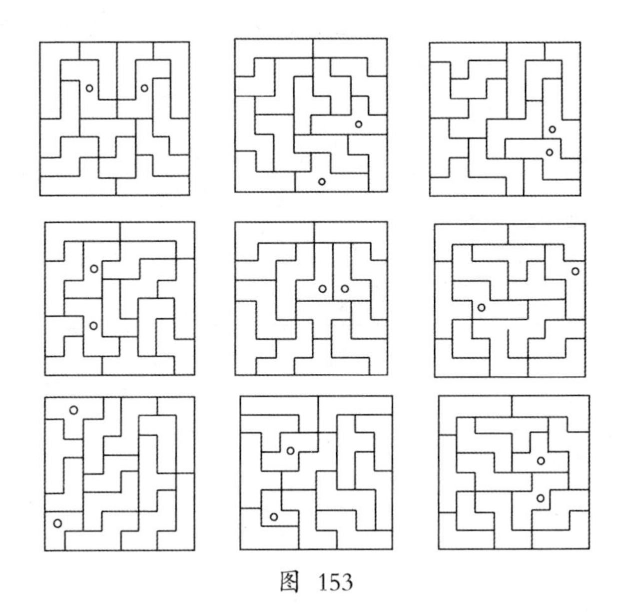

图 153

174.六角智慧板 答案见图154。图中有○号的是固定的板。

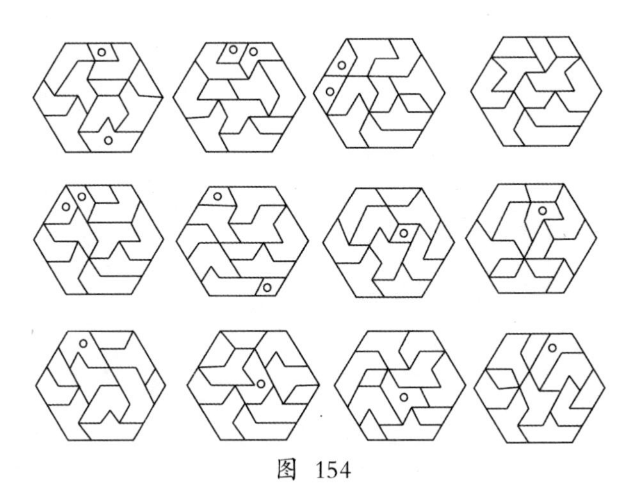

图 154

175.三角智慧板 本题的答案只有一种，排法如图155所示。

图 155

十一　移来移去

问　题

176.铁道难题　如图156，BDC是一条铁道干路，BAC是铁道支路，在B、C两处干、支两路会合。B的左方有一辆货车P，C的右方有一辆货车Q，又B、C间有机关车R，支路上有隧道S，它的长恰和P、Q长的和相等。现在要交换P、Q两车的位置，并使R仍在原位，问：用何种方法？（隧道狭小，机关车不能通过。）

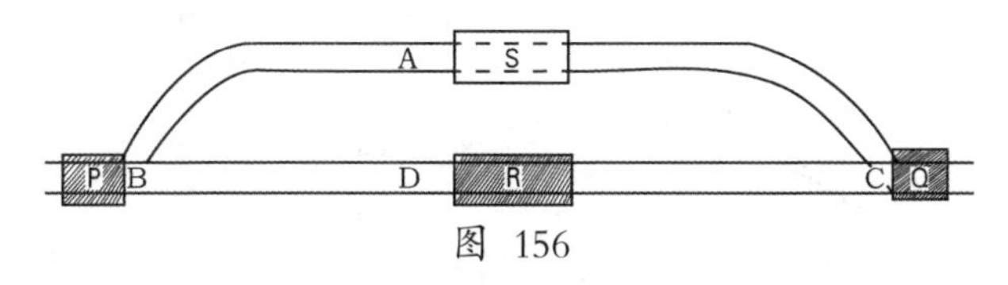

图 156

177.铁道难题　某铁道有干路和会合于A处的两条支路，如图157所示。干路上有一机关车M，两支路各有货车P和Q。问：若要交换P、Q的位置，得用何种方法？但注意A处不能同时容纳两车。

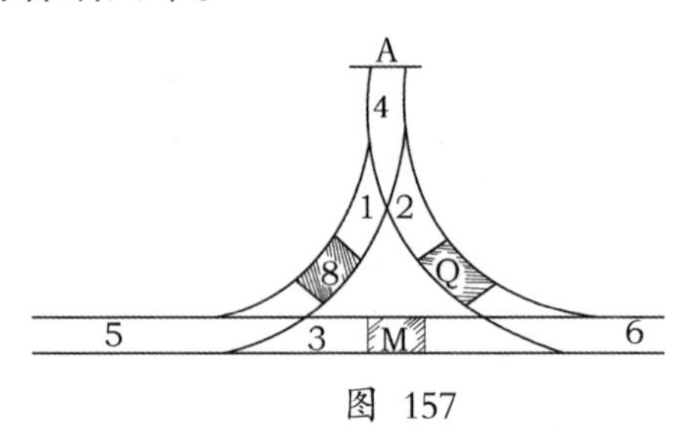

图 157

178.铁道难题　铁道一般都是单轨的，但在车站或特殊地点常筑一段双轨，以备相对驶行的火车可以在这里通过。现在有某铁道，如图158，在乙、丙间有一段双轨，但比较短，无论左线或右线都只能容纳8辆车。有一次，有两列火车相对驶来，各有机关车1辆和货车16辆，下行车已达甲、乙之间，上行车已达丁、丙之间，这时除非有一车退回，或撤去货车9辆，否则就无法前进。读者能够替他们想一个办法，不用退回原站或撤去一部分，而能全部通过吗？

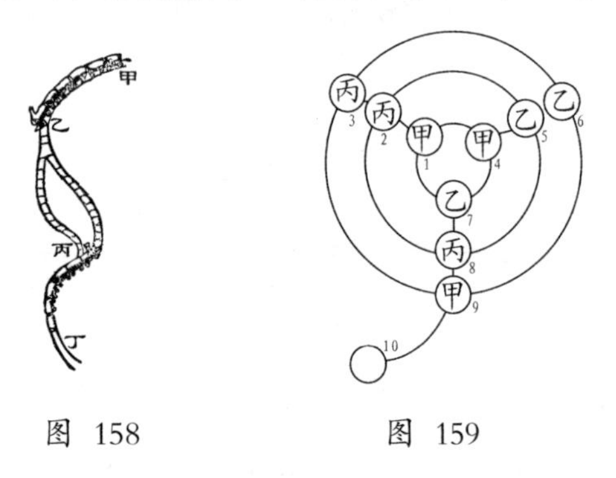

图 158　　图 159

179.巧移汽车　图159所示的三个较大的圆和连接各

圆的三条直线，表示汽车道，其间的相交处有1、2、3……9共九个小圆圈，表示九个汽车站，站上停着甲、乙、丙三种汽车各三辆。另外还有一个汽车站10，它和9间有一条曲线表示的汽车道。现在要移动汽车，使每一圆上和每一直线上的三辆汽车都成甲、乙、丙三种，但移动时必须沿着汽车道，每次移动一辆车，移动的次数愈少愈好，且一车站上不能同时有两车，问：要如何移？

180.巧移汽车　有停车场12处，每处仅能容纳一辆汽车，相连排成如图160的形状。其中子、丑、寅、卯、申、酉、戌、亥8处各停汽车一辆。现在要使上列四车5、6、7、8和下列四车1、2、3、4调换位置，仍各依5到8或1到4的顺序，自左到右排列。移动时每次移一车，不能直接越过其他车，但可经过空场而到其他场。若要使移动的次数最少，应该怎样移？

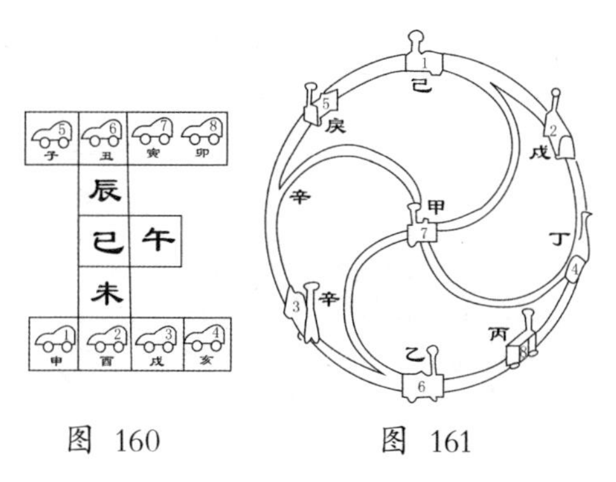

图 160　　图 161

181.八辆机关车 某车站有一停放机关车的环形轨道，如图161，上面有乙、丙、丁、戊、己、庚、辛、壬八个停车处，其中乙、丁、己、辛四处各有一半圆形轨道和环心的另一停车处甲相通。现在有1、2、3……8共八辆机关车杂乱地停在各处，仅有辛处没有车。试移动各车，使其依数字的顺序列在环形轨道的八个停车处，只剩甲处没有车，移动时必须沿着轨道进行，一处只能停一车，但其中有一车已经损坏，不能移动，问：是哪一辆车损坏了？应该如何移动次数才可以最少？

182.九连环 中国的九连环游戏是非常巧妙的。它的构造如图162，其中有九个圆环，直径约一寸，可用较粗的铅丝制成。每一环上连一较细的铅丝直杆，各杆都在后一环内穿过，插在白铁皮上的一排小孔里。杆的下端都弯一小圈，使它们能在小孔里上下移动，但不会脱出。另外用粗铅丝做一个双股的釵，两股间的距离约六分，股端绞在一起。

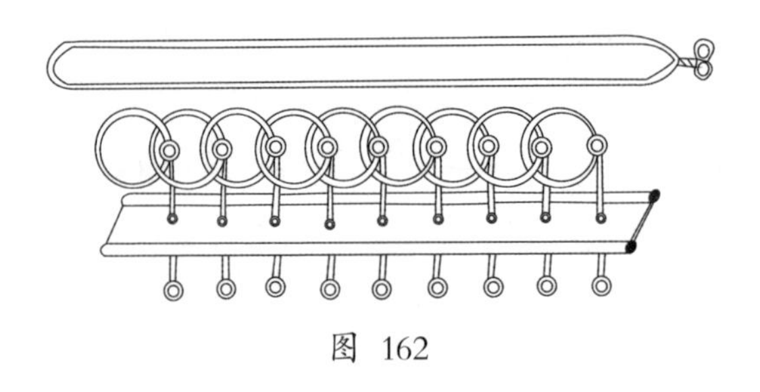

图 162

玩的目的是要把九个环都套到钗上，成如图163的形状；再从钗上把九个环都脱下来。这样套上或脱下，说来容易，做起来却很繁难，每种都要经过几百次才能完成。

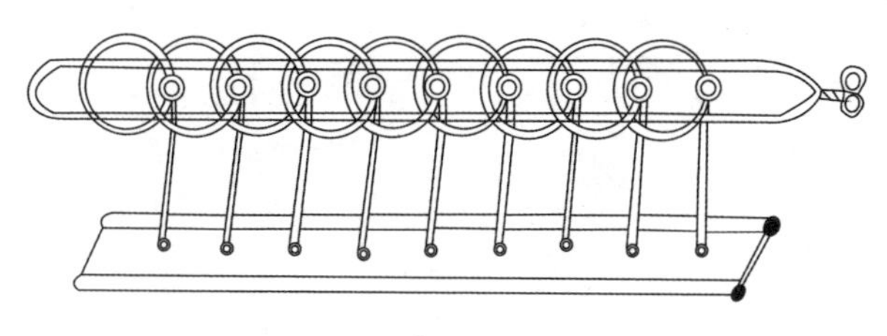

图 163

要明了九连环的玩法，必先知道两种基本动作：

（1）套环到钗上去的基本动作，是把环从下赶上，通过钗心，如图164（a）的虚线所示，套在钗头上成（b）的形状。这一个动作除第1环（如图162从左边起）随时可行外，其余的环因为有别的环连住，都无法套上。但如果前面（即如图162的左边）有一个邻接的环已经套在钗上，且所有前面的环仅有这一个在钗上时，那么如图165的（a），只要把这一个环暂时移到钗头前面，让出钗头来，后一环就可依虚线所示套上去，再把前一环恢复原位，成（b）的形状。这动作叫作“上环”。

（2）环从钗上脱下的基本动作，只要照上法还原，即把环从钗头脱下，再从上方通过钗心脱下去。这一个动作在第1环也是随时可行，其余的必须在前面有一个邻接的环在钗上，且前面除这一环外已无别的环在钗上时，就可以把这邻接的环移前一些，让出钗头，把后一环脱下，再使前一环恢复原位。这动作叫作“下环”。

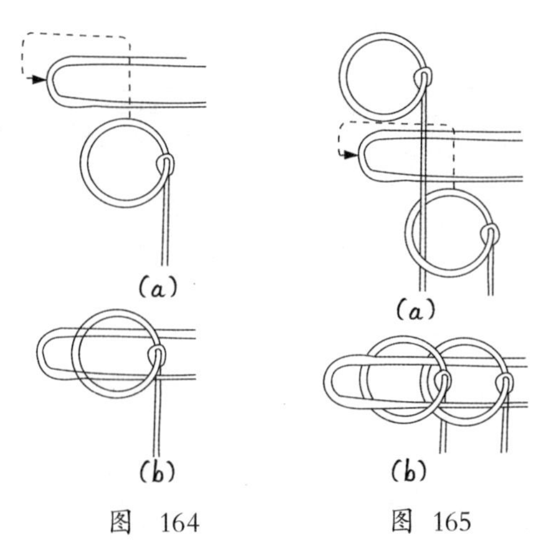

图 164　　图 165

我们知道了这两种基本动作，如果要单上第1环，只需一步手续就成（移动一个环作一步手续算）；要连上第1，2两环，可先上第1环，次上第2环；要连上第1、2、3三环，必须先上好第1、2两环，再下第1环，然后才能上第3环，又上第1环。如果要连上第1、2、3、4四环，手续就繁杂了。我们先照前法连上前面的三环，再下开首的两环，然后才能上第4环，最后又上开首的两环。照这样，可继续推得连上5、6、7环的方法，现在连同前述的四种一并记录在下面，但因连上第1、2两环或连下第2、1两环的两步手续可同时完成，所以在1、2或2、1的上面做一个⌒的记号。

单上一环 1

上

连上二环 1 2

上上

连上三环 1 2 1 3 1

上上下上上

连上四环 1 2 1 3 1 2 1 4 1 2

上上下上上下下上上上

连上五环 1 2 1 3 1 2 1 4 1 2 1 3 1 2 1 5 1 2 1 3 1

上上下上上下下上上上下下上下下上上上下上上

连上六环 1 2 1 3 1 2 1 4 1 2 1 3 1 2 1 5 1 2 1 3 1

上上下上上下下上上上下下上下下上上上下上上

2 1 4 1 2 1 3 1 2 1 6 1 2 1 3 1 2 1 4 1 2

下下下上上下下上下下上上上下上上下下上上上

连上七环 1 2 1 3 1 2 1 4 1 2 1 3 1 2 1 5 1 2 1 3 1

上上下上上下下上上上下下上下下上上上下上上

2 1 4 1 2 1 3 1 2 1 6 1 2 1 3 1 2 1 4 1 2

下下下上上下下上下下上上上下上上下下上上上

1 3 1 2 1 5 1 2 1 3 1 2 1 4 1 2 1 3 1 2 1

下下上下下下上上下上上下下下上上下下上下下

7 1 2 1 3 1 2 1 4 1 2 1 3 1 2 1 5 1 2 1 3

上上上下上上下下上上上下下上下下上上上下上

1

上

到连上7环时，已经有85个步骤了，如果要连上8环和9环，那么手续又要繁杂几倍，若再暗中摸索，一定不易成功，最好要设法找出一个规律。我们考察上面的移环手续，发现从第一步起，顺次每八步可作一段落，形式是“$\overset{\frown}{12}131\overset{\frown}{21}\times$”。其中的前七步恒为“$\overset{\frown}{12}131\overset{\frown}{21}$”应“上”还是应“下”，可依自然趋势（即原来不在钗上的应“上”，原来在钗上的应“下”，不必记忆。最后一步由实验知道，在钗的前端有相连的两环时，必下后一环；钗的前端仅有单独的一环时，必上后一环。从这一个规律，我们要连上九环，也很容易，它虽有341个步骤，但次序非常明晰。若用“…”代表“$\overset{\frown}{12}131\overset{\frown}{21}$”，可得341步手续的顺序如下：

…4…5…4…6…4…5…4…7…4…5…4…6…4…5…4…8

…4…5…4…6…4…5…4…7…4…5…4…6…4…5…4…9

…4…5…4…6…4…5…4…7…4…5…（最后一个“…”是“$\overset{\frown}{12}131$”）

其实，上述的顺序是不必记忆的，我们只要根据上述的规律，归成三句口诀：

“一二一三一二一，钗前连二下第二，钗前单一上后环，”就可以丝毫不费脑力，而达到目的了。

如果要把九个连环从钗上全部脱下，也要经过341个步骤，次序恰和上述的相反。除在开始时只用“131$\overset{\frown}{21}$”外，以下仍旧适用前面的三句口诀。

这一个游戏玩得熟练以后，每分钟大约可做完60步手续，要把九个环全部上好或全部脱下，约各需六分钟。

这九连环的游戏，如果把它推广起来，成为十连环、十一连环，以至数十连环，照上法也都可以全部套到钗上，或从钗上全部脱下，但环数愈多，步骤愈繁。你能够找出另外的规律，就各种不同的环数，分别计算一下移环手续的步骤吗？

183.叠棋子　取象棋十五枚，顺次排成一行，试依下列的规则移动，使每三枚互相重叠，且距离相等。

（1）每次移动，限取一枚。

（2）移动时不论向左或向右，但需越过三枚象棋，这三枚象棋或是在原位置的，或是已经移过的，都可以。

（3）移动限于十次。

184.叠棋子　象棋十二枚，列成一环，如图166，试每次取一枚象棋，绕环而行，越过两枚象棋而叠在第三枚上，这样移六次后，在1、2、3、4、6的六处各有象棋两枚。又移时不论依顺时针方向或逆时针方向都可以，但注意被越过的必须是两枚单独的象棋，若已成对，或剩留空位而象棋已移至他处的都不算。

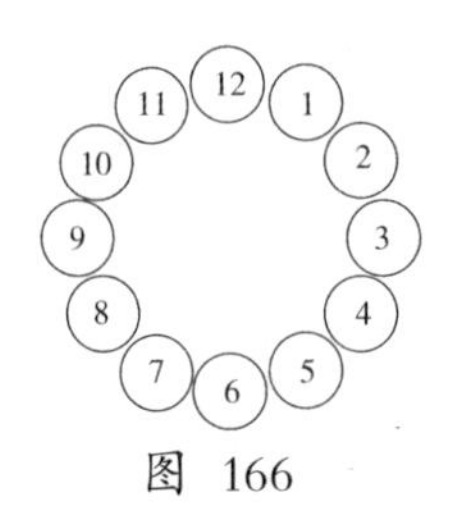

图 166

图 167

185.移橘　圆桌上放十二个碟子，如图167所示，每碟放一个橘子。和上题类似，要每次移一橘。绕圆越过两碟，放在第三碟里，依照这种方法六次后六碟各有两橘。但本题和上题有如下的四个不同之处：

（1）取橘越碟的移动方向，和放橘后续取另一橘的进行方向都必须依一个方向（如图所示是逆时针方向），例如移1，只能到4而不能到10；又既已移1到4，接下去如果必须移3，则应认为是依原方向绕过4，6，6……而到3，不能当作从4依顺时针方向回到3。

（2）被越过的只要是两碟，无论它有一橘、两橘或是空碟。

（3）最后所得的有两橘的六碟需和六个空碟相间排列。

（4）绕圆进行的周数必须最少。

现在举一个移法的例子：先移1到4，移5到8，移9到12，这时已绕圆一周。接着移3到6，移7到10，移11到2，又绕一周有余，结果绕圆不满三周，而2，4，6，8，10，12六碟中都有两橘。你能够另换一个方法，也绕圆不满三周而使六碟都有两橘吗？

186.九个桃核　用一张正方形的纸，如图168，分成二十五格，放九个桃核在中央的九格里，并在每一桃核上记一号码。现在要依规定的方法把其中的八个桃核次第取出，只留一个在中央的一格里。规定的取法是先取一个桃核越过相邻的一桃核，而放在后一空格中，这被越过的桃核就可取出。移动的方向不论纵、横、斜都可以，但移动的次数愈少愈好。如果是同一桃核，而连续几次越过别的桃核时。只作一次算。问：用什么方法可使移动的次数最少？

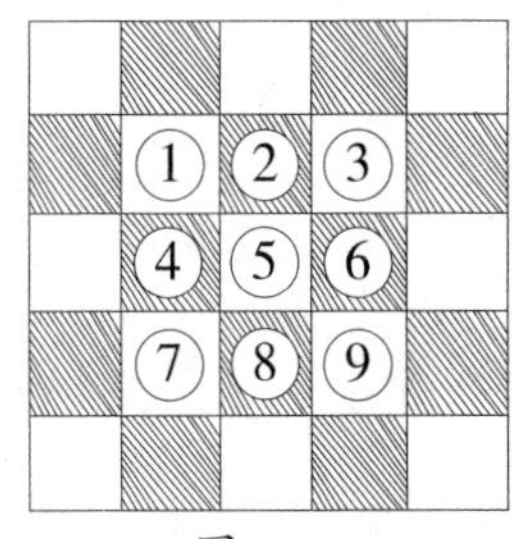

图 168

187.十个苹果　某人全家围绕于桌的周围，桌上放十六个碟子，列成正方形，其中十个碟子里各有一个苹果，位置如图169所示。现在他们要用一个特别的方法取出苹果来吃，方法是每次取一果越过相邻的一果，放在后一空碟中，然后可把被越过的一果取出来吃掉。照这样取到最后，已无别的果可越，就直接取出。又在开始时因为没有可越的果，所以不必照上述的规定，可先任意移一果到任意一空碟中，然后照规定进行。移动时只能取纵、横方向，而不能斜向，问：应如何移动？

图 169

188.十五块方木　这游戏要用一个底面每边为4寸正方形的木匣（高度随便），还有十五块每边1寸的正方形木片，上面分别写从1到15的数字。玩时把十五块木片平铺在匣底，作任意的排列，在左下角还空着一块木片的位置。我们利用这空处，可以把旁边的木片移来移去（不得取出匣外），经过多次移动，排成如图170（*a*）的标准顺序，其中的空处仍在左下角。但是这一种顺序有时不可能排成，只能排成如图170（*b*）的另一种标准顺序，这时的空处已移至右下角。在这游戏里，最初木片的排列虽然千变万化，但若得到一个规律，要想移成标准顺序是没有多大困难的。你知道移动的

13	9	5	1
13	10	6	2
15	11	7	3
	12	8	4

(a)

1	2	3	4
5	6	7	8
9	10	11	12
13	14	15	

(b)

图 170

方法规律吗?

189.移罐成序　有罐头食品24罐，放在24格的橱里，如图171所示，各罐上都有一号码。现在要取每两罐对调位置，使24个罐头全部依号码的顺序排列，即顶上第一列自左向右为1号到6号，第二列为7号到12号，其余类推。从图知道13和19两罐是不需要移动的，其余22个罐头似乎要对调22次才能达到目的。其实我们可以运用我们的聪明才智，使对调的次数最少。你能够只调17次就成功吗?

图　171

190.巧攻敌舰　假定有敌舰16艘，排列成正方形，四周都可攻击，但一炮弹发出，必越过三舰而击中第四舰。如图172，箭头表示炮弹进行的方向，1、2、3……表发弹先后的次序，照图中的排列方式，仅有最上一列和最左一行共7艘能被击中。试问敌舰怎样排列，则所能击中的舰数可以最多?（一舰被击后随即沉没，发下一炮时这舰已不存在，又每炮发出的方向必须各不相同）

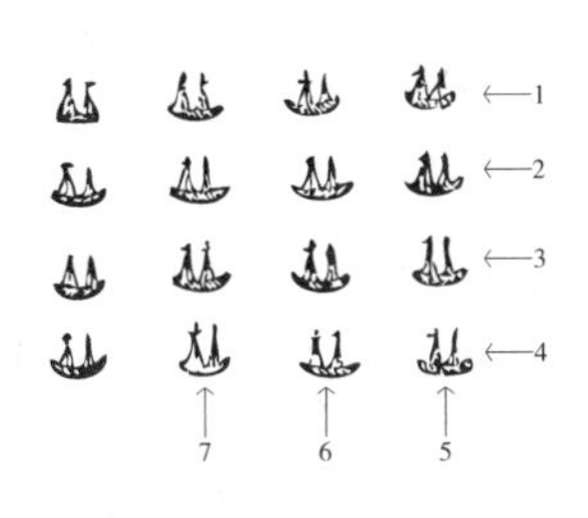

图　172

191.黑白换位　用黑、白两种圆纸片各六块，在白的六块上各记子、寅、辰、午、申、戌六字，黑的六块上各记丑、卯、巳、未、酉、亥六字，依图173（*a*）的顺序排列。现在要取每两纸片对调，经十七次而成图173（*b*）的顺序。每次对调时只能取有直线相连的两纸片，且必须是一黑、一白。问：用什么方法？

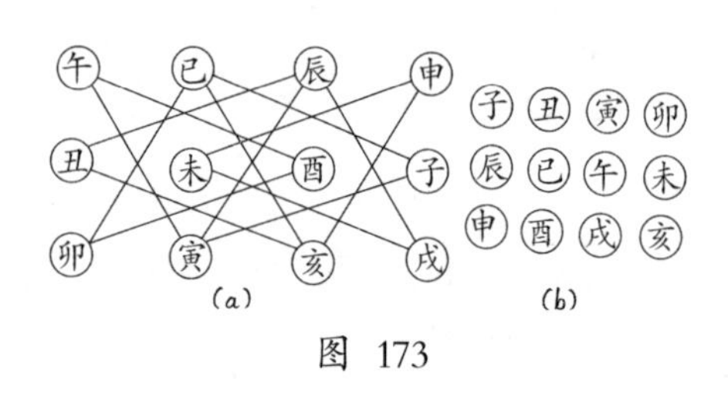

图 173

192.移棋相间 移棋相间的游戏，在清朝顺治末年，褚稼轩的《坚瓠集》里就有记载。这游戏的玩法是取黑、白两种围棋子各若干枚（至少各三枚），排成一行，使白子在一端，黑子在另一端。现在要取每相邻两子移动若干次（次数和两种棋子各有的枚数相同），仍成相连的一行，但棋子黑、白相间，移动的中途不能有空四子的位置。现在先把黑、白棋各三子和各四子的移动方法举示如下：

黑白各三子的原式	○○○●●●
移动一次后的形式	○●●●○○
移动两次后的形式	○●●　　○●○
移动三次后的形式	●○●○●○

黑白各四子的原式	○○○○●●●●
移动一次后的形式	○　　○●●●●○○
移动二次后的形式	○●●○　　●●○○
移动三次后的形式	○●●○●○●　　○
移动四次后的形式	●○●○●○●○

上举的两个例子，如果用简单的记法，可记作：

三子时，左1、2；左4、5；左1、2。

四子时，左2、3；右5、6；右2、3；左1、2。

如果有黑、白棋子各五枚、六枚、七枚……以至二十枚，应怎样移动？你也能用简法记录出来吗？

193.八个小孩　有四男、四女共八个小孩，他们相间坐在椅子上，左端有两个空椅，如图174所示。现在要用五次移动，使四男并坐在右端，四女并坐在左端，仍留两个空椅在一端。移动的方法，先移并坐的两孩到空椅上，移时必须使原在左者换至右，原在右者移至左；以下每次都仿上法，移并坐的两孩，使左、右调换后坐到上一次空出的两椅。问：移动的次序怎样？

图　174

194.搬移家具　有六个房间互相通连，如图175，其中五室各置庞大的家具一件，一室是空的。现在要想把大风琴和书架的位置对调，但室小物大，每空中不能同时放两件家具，又室外种植名贵花木，恐有损坏，家具不能搬出室外，只能利用空的一室，互相移来移去，问：欲费极少劳力而达目的，应该怎样搬移？

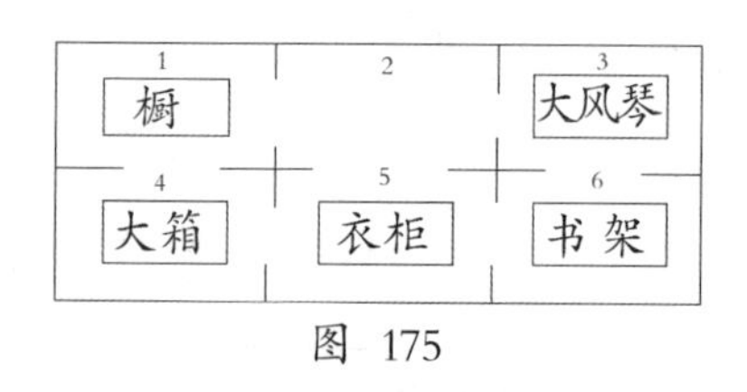

图 175

195.排列图章　有八个大小相等的图章，依图176所示的顺序放在一个木匣里。这木匣原可放九个图章，现在还空着一个图章的位置。我们要移动图章，使依文字的顺序排列，即顶上第一列自左至右是甲、乙、丙，第二列是丁、戊、己，第三列是庚、辛，右下格空。如果只许利用空位，不得把图章取出匣外，移动的次数又要最少，问：应怎样移动？

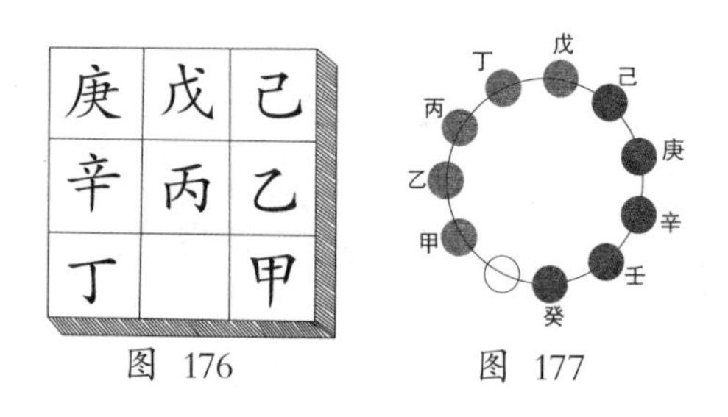

图 176　　图 177

196.棋子交换 如图177，在圆周上画十一个小圈，其中的甲、乙、丙、丁、戊各放一枚白棋子，已、庚、辛、壬、癸各放一枚黑棋子。现在要交换黑、白棋子的位置，棋子移动时可移入相邻的空位，又可越过相邻而又异色的一枚棋子，到后一空位。问：要使移动次数最少，应依怎样的次序移动？

197.中心棋 这一种游戏所用的器具，是一块圆形的木板，上面有小圆孔33个，排列如图178，除中心的一个孔（即17）外，其余各孔都放了一个小球。玩时依次移动各球，每移一球，必沿黑线越过相邻的一球，而放在后一空孔中，这被越过的球就可以取出。照这样每次移球越过其他球，就要取出被越的球，直到最后只剩一球，恰在中央的洞中为止。移动时每一球移到其他洞而取出一球为一次，但同为一球而连移数次的仍作一次算。问：要使移动的次数最少，当依怎样的次序移动？

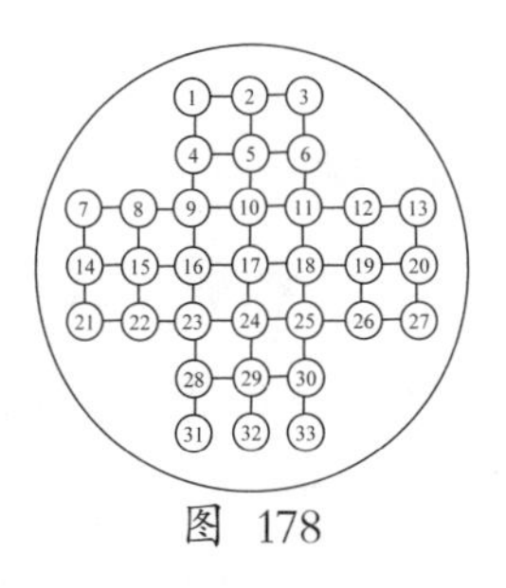

图 178

198.黑白易位 照图179的样子做一块棋盘，在1，2两处各放一枚白棋子；9，10两处各放一枚黑棋子。现在要移动黑、白棋子，使它们的位置互换。移动的方法是这样：各棋子可从原位移到同一直线上的另一个位置，但黑、白两子不能同时在一直线上。例如，在开始时，1或2上的白子只能到3；9或10上的黑子只能到7。问：要使黑、白棋子完全易位，应依怎样的顺序移动？

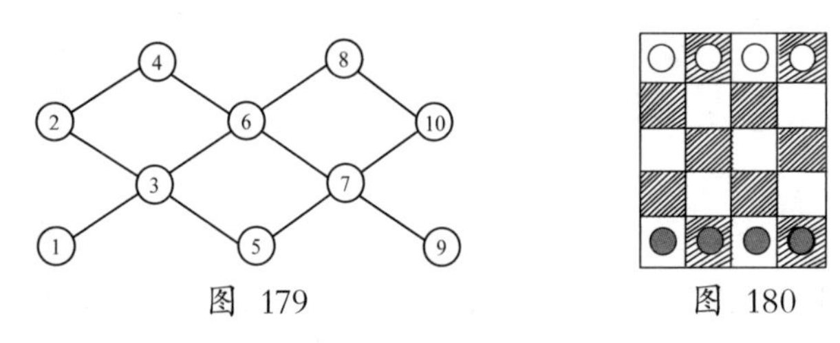

图 179　　图 180

199.棋子易位　如图180，把矩形分成20个方格，上列4格内各放一枚白棋子，下列4格内各放一枚黑棋子。现在要轮流移动黑、白两种棋子，使它们的位置互换。移动时顺次依方格的对角线方向进行，无论移过几格，但格内有棋子的不能通过，且一格内不能放两枚棋子。问：最少要移动多少次？

200.一子独存　在如图181的棋盘里放16枚棋子，上面各标记一数字。现在要依次拿出各棋子，使最后只剩一枚标记为1的棋子。取的方法是：每移动一棋子，必须越过相邻的一子而放到后一空格里，然后拿出被越过的一子。

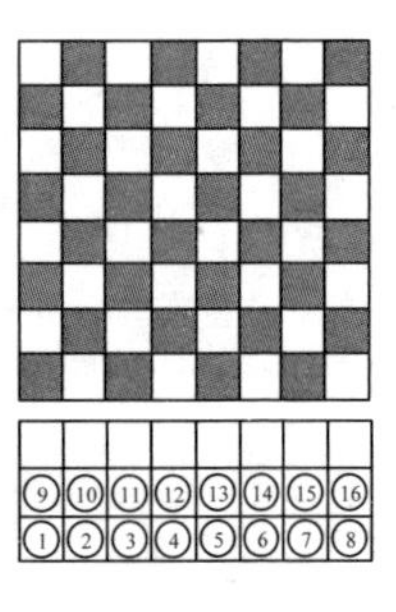

图 181

201.二子留下 仿照上题的方法，取32枚棋子放在每边8格的棋盘上，位置如图182所示，试依法拿出各子，到只有两枚棋子为止。

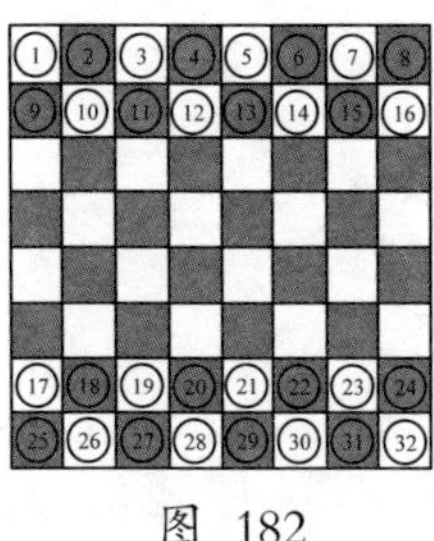

图 182

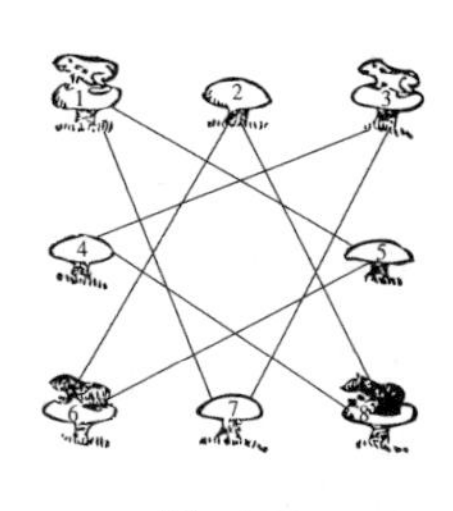

图 183

202.跳田鸡 草地上八朵蘑菇，排列如图183，其中1、3两朵蘑菇上各有一只白田鸡，6、8上各有一只黑田鸡。现在要依圆中的八条直线移动田鸡，使黑、白田鸡的位置互换。移动的次数仅限于七次，这里说的一次是指一只田鸡开始移动直到停止，并不限于从一朵蘑菇跳到别的蘑菇上。但要注意不能同时有两只田鸡在一朵蘑菇上，问：要怎样跳？

203.跳田鸡 有田鸡六只，如图184的1、2、3、4、5、6，列队一行，分别位于六个方格里，左端另有一空格。现在要移动田鸡，使它们的次序颠倒。移动时各田鸡都可跳入相邻的空格，或越过相邻格内的一只田鸡而到后一空格。问：要使次序颠倒，左端一格仍为空格，且移动次数最少，当用何法？

图 184

答　案

176.铁道难题 分下列的六步手续：

（1）R和Q联，向B行，过B后逆行，送Q入隧道中。

（2）R回到B，和P相连，向C行，过C后逆行，送P入隧道，联Q后依原路退出，过C后送P和Q到干路。

（3）把Q脱下，留在干路上，R拖P向C行，再逆行送P入隧道。

（4）R回到干路，拖Q经C送入隧道，推P到隧道左端。

（5）R拖Q依原路退出，经C到干路，推Q到B的左方。

（6）R经B逆行入支路，拖P出隧道；经B推P到C的右方，R回归原位。

177.铁道难题 依下列的五步手续移动就得：

（1）M左行，退入左支路，送P到4。

（2）M从原路出，退到6，入右支路，送Q和P连，再拖两车出，经6送入干路，置P于3。

（3）M拖Q再入右支路，过2送P到4。

(4) M从右支路出，退到干路，拖P回进右支路，置P于2。

(5) M出，经6, 3, 5, 1，把Q从4拖到1，M就回原位3。

178.铁道难题 用下列的六步手续就可完全通过：

(1) 分下行车为三组，即 (a) 机关车和7辆货车，(b) 8辆货车，(c) 一辆货车。(a) 组驶至双轨部的左线停下。

(2) 上行车全列由双轨部的右线前进，推下行车的 (b) (c) 两组向上退。

(3) 下行车的 (a) 组向丁前进，上行车带下行车的 (b) 组由原路退回，留 (b) 在右线。

(4) 上行车再经左线向甲进行，和下行车的 (c) 组相连。

(5) 下行车的 (a) 组退回，和 (b) 组相连，再到丁；上行车又带下行车的 (c) 组退回，留 (c) 在右线后，经左线直向目的地驶去。

(6) 下行车的 (a) (b) 两组又退回，和 (c) 连组相连后，也可以向目的地进发了。

179.巧移汽车 最少的次数是九次，移法如下：

从9到10，从6到9，从5到6，从2到5，从1到2，从7到1，从8到7，从9到8，从10到9。

180.巧移汽车 至少要移43次，移法不止一种，除下列的以外，读者还可另求别法。

6至午，2至丑，1至辰，3至未，4至申，3至亥，6至戌，4至午，1至申，2至酉，5至未，4至子，7至巳，8至辰，4至卯，8至寅，7至子，8至午，5至辰，2至丑，1至辰，8至申，1至午，2至酉，7至未，1至子，7至午，2至丑，6至辰，3至未，8至亥，3至申，7至戌，3至午，6至申，2至酉，5至未，3至寅，5至午，2至丑，6至辰，5至申，6至酉。

181.八辆机关车　损坏的机关车是5，移动的次数最少是17次，顺序如下：

7, 6, 3, 7, 6, 1, 2, 4, 1, 3, 8, 1, 3, 2, 4, 3, 2。

182.九道环　我们考察题中所举连上五环的21个步骤，知道开首的10步就是连上四环的步骤，接下去的5步骤和连上三环的次序相反，实际就是连下三环的步骤，后面1步是上第5环，最后5步是连上三环的步骤。再考察连上六环的42步骤，也有类似的情形，即开首的21步是连上五环，以下10步是连下四环，后1步，再上第6环，最后10步是连上四环。还有连上七环、八环或九环都类似。从此推到一般，知道要连上n环，必先连上$n-1$环，再连下$n-2$环，接着上第n环，最后连上$n-2$环。

设以T_1、T_2、T_3……$T_{(n-1)}$、T_n表单上一环、连上二环、连上三环……连上（$n-1$）环、连上n环的手续的步数，那么单下一环、连下二环，以至连下n环的手续步数当然也是一样，根据前面推得的情形，可得公式如下：

$$T_n=T_{n-1}+T_{n-2}+1+T_{n-2}=T_{n-1}+2T_{n-2}+1$$

有了这一个公式，就可用T_1和T_2做基础，由此求得T_3，再由T_2、T_3求T_4，由T_3、T_4求T_5，由T_4、T_5求T_6，以至无穷。现在从已知的$T_1=1$，$T_2=2$求其余各数如下：

$$T_3=T_2+2T_1+1=2+2\times1+1=5$$

$$T_4=T_3+2T_2+1=5+2\times2+1=10$$

$$T_5=T_4+2T_3+1=10+2\times5+1=21$$

$$T_6=T_5+2T_4+1=21+2\times10+1=42$$

$$T_7=T_6+2T_5+1=42+2\times21+1=85$$

$$T_8=T_7+2T_6+1=85+2\times42+1=170$$

$$T_9=T_8+2T_7+1=170+2\times85+1=341$$

………………………………………………………

考察上列各算式，知道T_n的n是偶数时，T_n恰为T_{n-1}的2倍；n是奇数时，T_n比T_{n-1}的2倍多1，所以求T_n还有较前更简便的方法。列成公式，得

n是偶数时，$T_n=2T_{n-1}$；

n是奇数时，$T_n=2T_{n-1}+1$。

这两个公式的代数证明很繁琐，这里从略。

用这两个公式来继续求T_{10}、T_{11}、T_{12}……非常使捷。我

们求到T_{30}，即有30个环时，得全部套上或全部脱下的手续的步数是715827882，如若仍照题中的假定，每分钟能完成60个步骤，那么即使每天玩上8小时，也需要68年左右，显然是任何人所办不到的事。

183.叠棋子　设这十五枚象棋从左向右顺次是1，2，3……15，则十次移动的顺序如下：

5叠于1，6叠于5，9叠于13，8叠于9，12叠于4，

2叠于7，11叠于12，3叠于2，14叠于10，15叠于14。

184.叠棋子　六多移动的顺序如下：

（1）12顺向越1，2叠于3；

（2）7逆向越6，5叠于4；

（3）10逆向越9，8叠于6；

（4）8顺向越9，11叠于1；

（6）9顺向越1，2叠于5；

（6）11绕两圈，两次越过2而叠于2。

185.移橘　先移1到4，移5到8，移9到12，和题中的例子一样，已绕圆一周。接着移11到2，应认作又绕一周有余。于是再移3到6，移7到10，也不满三周，而2，4，6，8，10，12六碟中已各有两橘。

186.九个桃核　最少的移动次数只有四次，方法如下：

（1）5向下越过8，放在下一格；再斜向右上越过9，放

在后一格；又斜向左上越过3放好；又斜向左下越过1放在4的左格。

（2）7向上越过4，放在上一格。

（3）6斜向左上越过2放好，再向下越过7放在下一格。

（4）最后5向右越过6放在中央格。

187.十个苹果 先移8到10，然后依规定移果和取果，次序是移9到11，1到9，13到5，16到8，4到12，12到10，3到1，1到9，9到11，这时只剩第11碟中有一果，可直接取出。

188.十五块方木 为了便于说明，现在把木匣里所有16个格子的位置分别用*a*、*b*、*c*、*d*……表示，如图185，移动木片的规律，分下列的许多步骤来加以说明：

第一步，先设法移4到*a*处，其余的都可任意排列。移法不外是利用空处，选定列成一环的许多木片（必须通过*a*和空处*m*，而中间有4的），作回旋移动，直到移4达于*a*而止。

a	*b*	*c*	*d*
e	*f*	*g*	*h*
i	*j*	*k*	*l*
m	*n*	*p*	*q*

图 185

第二步，仿上法移3到*e*处，再在*b*处留出空档，移4，3至*b*、*a*。

第三步，移2至*e*，使*c*空，移4，3，2至*c*、*b*、*a*。

第四步，移1至*e*，使*d*空，移4，3，2，1至*d*、*c*、*b*、*a*。

第五步，移5至*e*，使*h*空，移4，3，2，1，5至*h*、*d*、*c*、

b、a。

第六步，移9至e，位l空，移4，3，2，1，5，9至l、h、d、c、b、a。

第七步，移13至e，使q空，移4，3，2，1，5，9，13至q、l、h、d、c、b、a。

第八步，移8至e，移7至i，使f空，移8，7至f、e。

第九步，移6至i，使g空，移8，7，6至g、f、e。

第十步，移11至i，使k空，移8，7，6，11至h、g、g、e。

第十一步，移10至i，使p空，移8，7，6，11，10至p、k、g、f、e。

第十二步，移14至i，使j空，移11，10，14至j、f、e。

到达时，如果15在m，12在n，那么只需移15至i，就成圆170（a）的标准顺序。

11	6	3	13
2	12	7	9
8	10	5	14
	4	15	1

图 186

在依上法移动时，有一点必须注意：即某一木片一经移至指定位置，在移其他木片时就不能再去牵动它，但有时万不得已，必须牵动，那么应该设法使它仍旧恢复原位。

举一个具体的例子：如果初时放置十五块木片依图186所示的排列顺序，那么要完成第一步所需移动的木片，依次是4，10，12，6，11，2，8，4，10，12，6，11，2，8，4，6，11，2，8，4。

要完成第二步，必须依次移2, 8, 3, 7, 5, 11, 6, 2, 8, 3, 7, 5, 11, 6, 2, 8, 3, 7, 4, 3。

完成第三步，必须移7, 2, 8, 7, 2, 11, 5, 4, 3, 2。

完成第四步步，必须移7, 10, 12, 15, 1, 14, 9, 5, 11, 7, 10, 12, 15, 1, 6, 11, 7, 10, 12, 15, 1, 8, 10, 12, 15, 1, 8, 10, 12, 15, 1, 12, 11, 9, 5, 13, 4, 3, 2, 1。

完成第五步，必须移12, 11, 9, 5, 13, 7, 15, 12, 11, 9, 5, 15, 12, 11, 9, 5, 11, 9, 5, 11, 15, 13, 7, 4, 3, 2, 1, 5。

完成第六步，必须移9, 12, 13, 7, 4, 3, 2, 1, 5, 9。

完成第七步，必须移12, 13, 7, 15, 11, 12, 13, 11, 15, 6, 14, 4, 8, 2, 1, 5, 9, 13。

完成第八步，必须移12, 8, 10, 15, 11, 12, 8, 11, 12, 7, 6, 14, 15, 10, 11, 12, 7, 6, 14, 15, 10, 11, 12, 7, 6, 8, 7。

完成第九步，必须移6, 15, 14, 8, 7, 6。

完成第十步，必须移15, 11, 12, 15, 11, 14, 8, 7, 6, 11。

完成第十一步手续需移15, 12, 10, 8, 14, 10, 12, 15, 10, 14, 7, 6, 11, 10。（注意：在这里必须要从p处把10移出来，无法避免要移动8，在10移出以后，应该使8恢复原位，但因8本来应该到p，所以这里变通一下，借此省掉一次移动）。

完成第十二步，必须移14, 11, 10, 14。

最后从m处移15至i，大功告成。

如果经过十二步，12在m，15在n，那么就不可能移成如图166（a）的标准顺序，应该继续移动，使其成如图166（b）的形式。移动的次序如下：

14, 10, 11, 15, 12, 14, 10, 13, 9, 5, 1, 2, 3, 4, 8, 12, 15, 11, 6, 7, 11, 10, 13, 9, 5, 1, 2, 3, 4, 8, 12, 15, 14, 13, 9, 5, 1, 2, 3, 4, 8, 12。

我们知道，在最初放置这十五块木片时的排列种数是很多的。这一个种数就是取15件东西按不同顺序而不重复的排列数目，根据代数学里排列法的公式，可算得这数是

$$ {}_{15}P_{15}=15!=1307674368000 $$

有人研究过，知道在这1307674368000种不同的排列中，有一半可以移成图166（a）的标准顺序，其余的一半只能移成图166（b）的形式。

189.移罐成序 对调的方法分下列的五步来说明：

（1）3和1调，2和3调，共调两次而排好三罐，已省去一次对调。

（2）15和4调，16和16调，同上，也省去一次对调。

（3）17和7调，20和17调，也省去一次对调。

（4）24和10调，11和24调，12和11调，又省一次对调。

（5）8和5调，6和8调，21和6调，23和21调，22和23调，14和22调，9和14调，18和9调，又省一次对调。

190.巧攻敌舰　如果敌舰排成如图187所示的形状，那么一共可以击中10艘，图中1，2，3……表发炮的次序，箭头表炮弹行进的方向。

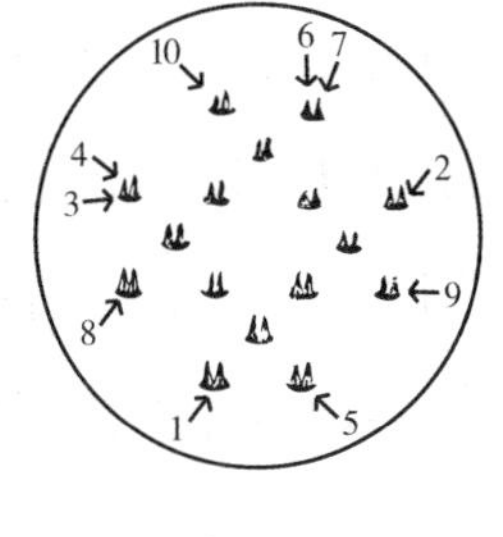

图　187

191.黑白换位　未和戌调，未和辰调，未和寅调，未和子调，申和亥调，申和己调，申和卯调，戌和亥调，午和酉调，酉和子调，已和戌调，亥和辰调，卯和戌调，辰和己调，辰和卯调，辰和丑调，丑和戌调。

192.移棋相间　从黑、白棋各五子到各二十子的移法如下：

五子：左2，3；右4，5；左5，6；右2，3；左1，2。

六子：左2，3；右6，7；左4，5；右5，6；右2，3；左1，2。

七子：左2，3；右5，6；左5，6；右6，7；左7，8；右2，3；左1，2。

八子：左2，3；右8，9；左5，6；右5，6；左6，7；右7，8；右2，3；左2，1。

九子：左2，3；右7，8；左6，7；右4，5；左9，10；右8，9；

左5, 6; 右2, 3; 左1, 2。

十子: 左2, 3; 右10, 11; 左5, 6; 右6; 7; 左8, 9; 右6, 6; 左6, 7; 右9, 10; 右2, 3; 左1, 2。

十一子: 左2, 3; 右9, 10; 左6, 7; 右5, 6; 左9, 10; 右10, 11; 左11, 12; 右6, 7; 左5, 6; 右2, 3; 左1, 2。

十二子: 左2, 3; 右12, 13; 左5, 6; 右6, 7; 左9, 10; 右9, 10; 左10, 11; 右11, 12; 左6, 7; 右5, 6; 右2, 3; 左1, 2。

十三子: 左2, 3; 右11, 12; 左6, 7; 右7, 8; 左10, 11; 右4, 5; 左13, 14; 右8, 9; 左9, 10; 右12, 13; 左5, 6; 右2, 3; 左1, 2。

十四子: 左2, 3; 右14, 5; 左5, 6; 右6, 7; 左9, 10; 右10, 11; 左12, 13; 右13, 14; 左10, 11; 右9, 10; 左6, 7; 右5, 6; 右2, 3; 左1, 2。

十五子: 左2, 3; 右13, 14; 左6, 7; 右9, 10; 左12, 13; 右5, 6; 左9, 10; 右14, 15; 左15, 16; 右10, 11; 左11, 12; 右6, 7; 左5, 6; 右2, 3; 左1, 2。

十六子: 左2, 3; 右16, 17; 左5, 6; 右6, 7; 左9, 10; 右12, 13; 左13, 14; 右9, 10; 左14, 15; 右15, 16; 左10, 11; 右11, 12; 左6, 7; 右5, 6; 右2, 3; 左1, 2。

十七子: 左2, 3; 右15, 16; 左6, 7; 右11, 12; 左14, 15; 右5, 6; 左10, 11; 右8, 9; 左17, 18; 右16, 17; 左13, 14; 右

12, 13; 左9, 10; 右6, 7; 左5, 6; 右2, 3; 左1, 2。

十八子: 左2, 3; 右18, 19; 左5, 6; 右6, 7; 左9, 10; 右14, 15; 左15, 16; 右10, 11; 左12, 13; 右17, 18; 左16, 17; 右13, 14; 左10, 11; 右9, 10; 左6, 7; 右5, 6; 右2, 3; 左1, 2。

十九子: 左2, 3; 右17, 18; 左6, 7; 右13, 14; 左16, 17; 右5, 6; 左10, 11; 右9, 10; 左13, 14; 右18, 19; 左19, 20; 右14, 15; 左15, 16; 右10, 11; 左9, 10; 右6, 7; 左5, 6; 右2, 3; 左1, 2。

二十子: 左2, 3; 右20, 21, 左5, 6; 右6, 7; 左9, 10; 右16, 17; 左17, 18; 右10, 11; 左13, 14; 右13, 14; 左18, 19; 右19, 20; 左14, 15; 右15, 16; 左10, 11; 右9, 10; 左6, 7; 右5, 6; 右2, 3; 左1, 2。

193.八个小孩　本题的解法很多, 除最右的两个孩子外, 其余都可在第一次移动。下面举一个例子(×表示空位置):

原来的位置×, ×, 1, 2, 3, 4, 6, 6, 7, 8

移动一次后4, 3, 1, 2, ×, ×, 5, 6, 7, 8

移动两次后4, 3, 1, 2, 7, 6, 5, ×, ×, 8

移动三次后4, 3, 1, 2, 7, ×, ×, 5, 6, 8

移动四次后4, ×, ×, 2, 7, 1, 3, 5, 6, 8

移动五次后4, 8, 6, 2, 7, 1, 3, 5, ×, ×

194.搬移家具　最简便的方法是移动十七次，次序如下：

大风琴、书架、衣柜、大风琴、橱、大箱、大风琴、衣柜、书架、橱、衣柜、大风琴、大箱、衣柜、橱、书架、大风琴。

195.排列图章　最少应移23次，即甲、乙、己、戊、丙、甲、乙、己、戊、丙、甲、乙、丁、辛、庚、甲、乙、丁、辛、庚、丁、戊、己。

196.棋子交换　最少应移23次，即癸、甲、乙、癸、壬、辛、甲、乙、丙、丁、己、戊、庚、甲、乙、丙、丁、癸、壬、辛、丙、丁、辛。

197.中心棋　已知的最少移动次数是19次，但是否绝对最少，尚待继续研究。现在用19—17，16—18等记号表示从19移球到17而取去18，从16移球到18而取去17等，并用括号表示一球连移数次而算作一次，把移动的顺序记录如下：

19—17，16—18，（29—17，17—19），30—18，27—25，（22—24，24—26），31—23，（4—16，16—28），7—9，10—8，12—10，8—11，18—6，（1—3，3—11），（13—27，27—25），（21—7，7—9），（33—31，31—23），（10—8，8—22，22—24，24—26，26—12，12—10），5—17。

198.黑白易位　我们用记号2-3表示把原来在2的棋子

移到3，得各步移动的次序如下：

2–3，9–4，10–7，3–8，4–2，7–5，8–6，5–10，6–9，

2–5，1–6，6–4，5–3，10–8，4–7，3–2，8–1，7–10。

199.棋子易位 如图188，用数字表各方格的位置，记移动顺序如下：黑18—15，白3—6；黑17—8，白4—13；黑19—14，白2—7；黑15—5，白6—16；黑8—3，把13—18；黑14—9，白7–12；黑5—10，白16—11；黑9—19，白12—2；黑10—4，白11—17；黑20—10，白1—11；黑3—9，白18—12；黑10—13，白11—8；黑19—16，白2—5；黑16—1，白5—20；黑9—6，白12—15；黑13—7，白8—14；黑6—3，白15—18；黑7—2，白14—19。计黑、白棋子各移动18次才可互换位置。

1	2	3	4
5	6	7	8
9	10	11	12
13	14	15	16
17	18	19	20

图 188

200.一子独存 用记号3–11表示移棋子3越过11而放在后一空格，同时取去棋子11，记取棋的次序如下：

3—11，9—10，1—2，7—15，8—16，8—7，5—13，1—4，8—5，6—14，3—8，9—12，6—3，1—9，1—6。

201.二子留下 仿上题记取棋的次序如下：

7—15，8—16，8—7，2—10，1—9，1—2，5—13，3—4，6—3，11—1，14—8，6—12，5—6，5—11，31—23，32—24，32—31，26—18，25—17，25—26，22—32，14—22，29—

21, 14—29, 27—28, 80—27, 25—14, 30—20, 25—30, 25—5。

202.跳田鸡　仿上题的记法，每个括号做一次移动，共七次移动如下：(1—5), (3—7, 7—1), (8—4, 4—3, 3—7), (6—2, 2—8, 8—4, 4—3), (5—6, 6—2, 2—8), (1—5, 5—6), (7—1)。

203.跳田鸡　依2, 4, 6, 6, 3, 1的次序经过三个循环后，再2, 4, 6, 共计跳21次，次序才可颠倒。

十二　适当的路线

问　题

204.彩牌敷线　国庆小长假的一天，某处路口扎了一座彩牌，用松柏、鲜花和缀有电灯的电线组成彩绳，交叉连接，成方、圆、五角星等形。彩绳所经的路线，如图189的黑线所示。据说这是用一根连续不断的彩绳扎成的，且线路没有一处重复。试问这绳应以何处为起点，何处为终点，路线是怎样的？

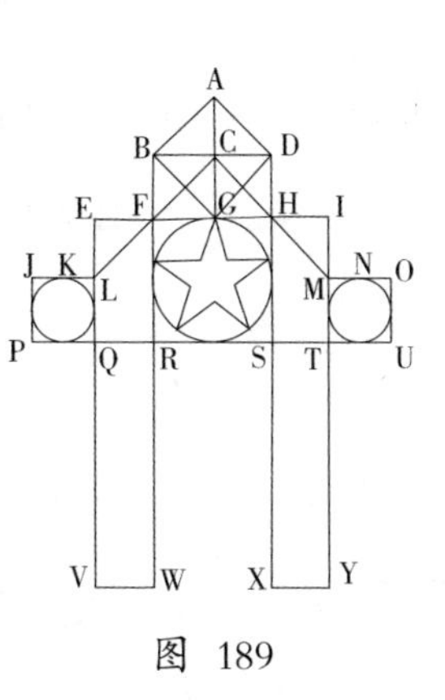

图　189

205.一笔画　图190所示的图形，要用一笔画成，即落笔后直到画完，笔不离开纸面，且同一线上不许笔经过两次，同时又没有两线交叉。问：应如何画？

206.连续画　现在要画成如图191的图形，用笔在某一处画起，连续进行，直到全图画成为止。已画的线上虽可重复画第二次，但连续画时变更方向的次数愈少愈好。问：要怎样画？

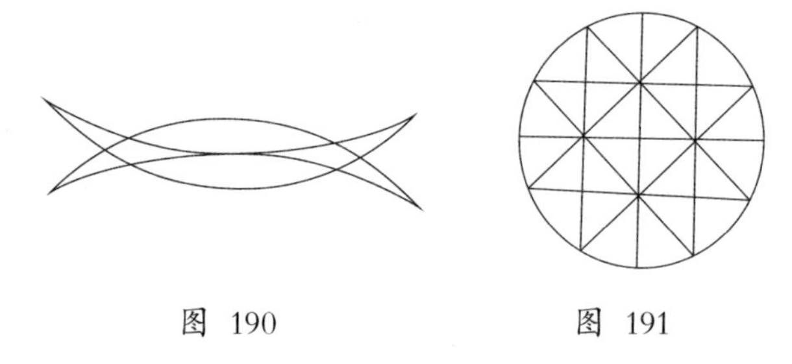

图 190　　图 191

207.走遍花径　图192所示的是一所花园，其中黑线围成的三角形和中央的十字形都是花圃，空白的是花径。现在有人要走遍花径，假设每一段路不能重复走第二次，问：他要怎样走？

208.走遍花径　图193所示的两圆和一直线，也是花园里的花径，现在要从直路的一端走到另一端，走遍花径而不重复，且在路口上，前后所走的路线不能交叉，只允许擦过，问：应怎样走？

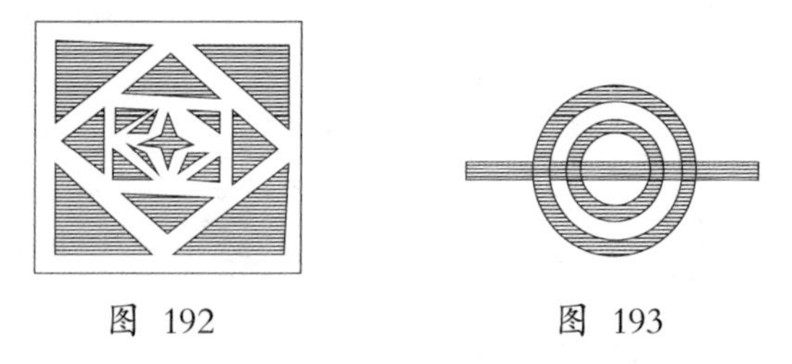

图 192　　图 193

209.行路难题 图194的圆圈表示64个村庄，现在一位旅客要从黑点所表示的一个村庄出发，依黑线所表示的道路前行，限转弯15次，使所行的路程最多。若每两村间的距离是1里，各条路上都不能重复走，问：应怎样前行？

210.遍游各村 有16个村庄，如图196所示。某旅客要走遍这16个村庄，每村只经过一次，从村庄1出发，依黑线所示的道路前行，最后必须回到1，问：应该怎样走？

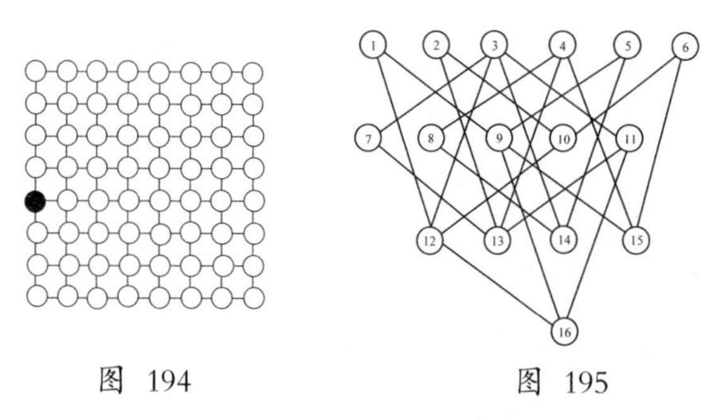

图 194　　图 195

211.巡查公路 有汽车站12处，各站间有公路相通，如图196所示。公路巡查员要巡查这17段公路，无论从哪一站出发，哪一站终止，虽然都无法避免要走重复路，但重复走过的段数想要最少，应该怎样走？

212.周游群岛 某海洋中有20座小岛，如图197的A、B、C、D……其中黑线表示航路。现有某商船从A岛出发，沿航路遍历各岛，交易货品，每岛只经过一次，最后回到A。但因C岛上盛产一种著名的水果，若最后运回A岛的时间比较久，恐遭腐坏，所以越晚到达C岛越好。问：应依怎样的次序航行，才能经各岛一次，最终回到A，且到达C岛的时间较晚？

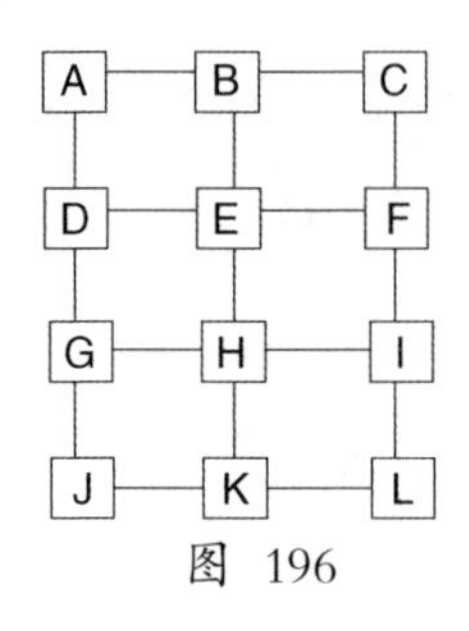

图 196

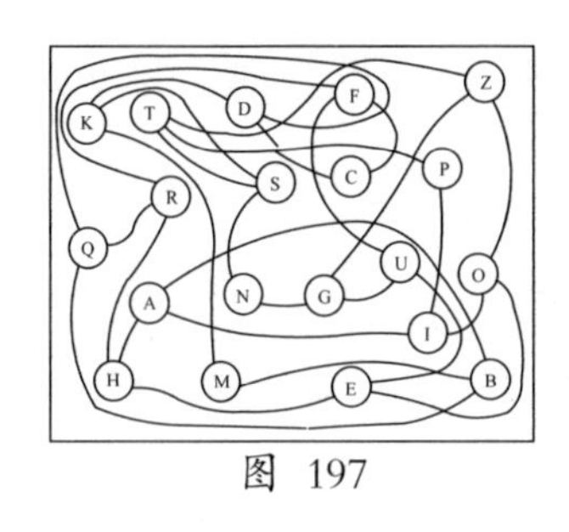

图 197

213.参观隧道 图198所示的是矿穴内的31条隧道，现在有人要进去参观，从左上角1处的地方出发，走遍31条隧道。设每条隧道长1丈，因为事实上各隧道必定有一部分要重复走两次，所以走遍各道必然会超过31丈的路程。那么至少要走多少路程呢？

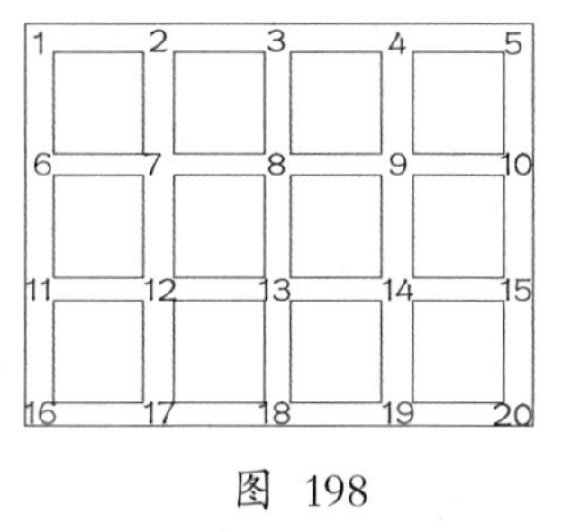

图 198

214.汽车回转游戏 图199的20个圆圈表示20个村庄，直线表示各村相通的途径。现有一辆汽车，要从A村开行，在各村间回转一周，每村经过一次，且仅经过一次，最后回到A。问：有多少不同的路径？注意：若照原路反向走来时的路，不能

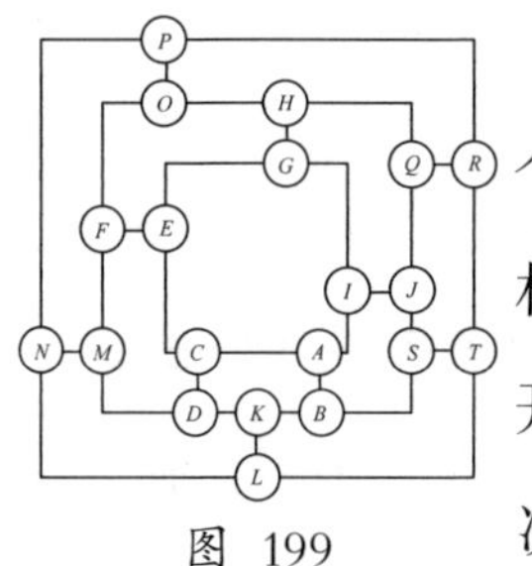

图 199

算作新路径。

215.六十座村庄 图200所示的60个小方形表示60座村庄，排成5列，每列12座。纵、横都有道路相通。现在要从西北角的甲村走到东南角的乙村，所走的方向仅限于东和南，问：有多少条不同的路可走？

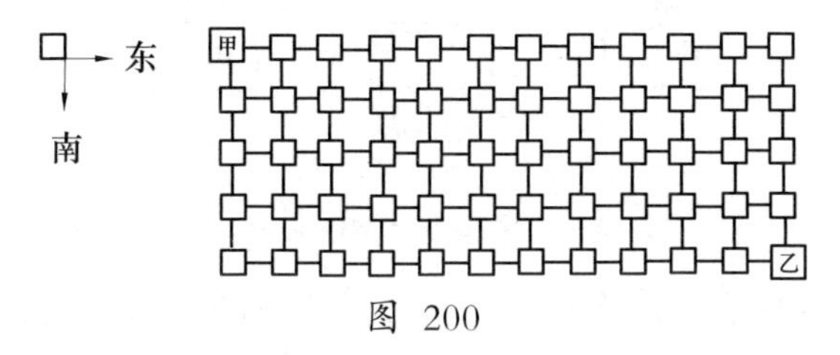

图 200

216.行车的谜 图201所示的是18条纵的和11条横的街道，有8辆三轮车，分别要从十字路口的一走到一，二走到二，三走到三……这8辆车始终没有走过相同的街道，且并未交叉过。问：8辆车所走的路径各是怎样的？

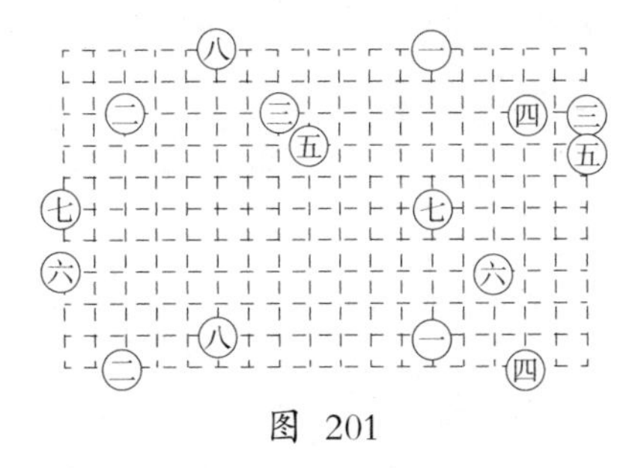

图 201

217.设置管线 徐勇、周仁和张智三人相邻而居，各家都要设置自来水管、煤气管和电灯线，而这水、煤、电三厂的地点也相邻，如图202所示，现在要使三种管和线不相交，问：应怎样装置？

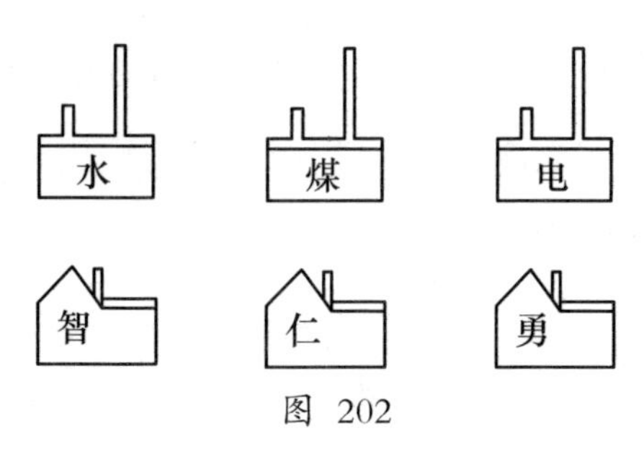

图 202

218.正二十面体 某人要想沿着正二十面体上的30条棱涂一层颜色，是否可以不沿重复的棱？如果不能避免重复，那么至少有几条棱要涂过两次？他算了好久，也没有把答案肯定，你能够代他解决吗？

读者要解决上题，最好自己做一个正二十面体的模型，模型的制法很简便，只需用厚纸照图203（b）的样子剪好，依虚线用刀划浅痕后折转，再用纸条粘连各棱，就成图203（a）所示的正二十面体。

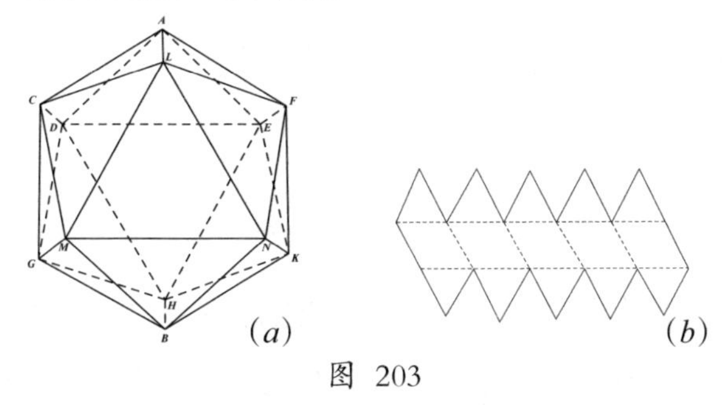

图 203

219.四十九颗星 在图204中有四十九颗星，从一颗黑星起连画15条直线，经过所有星而到另一颗黑星为止。各直线的方向或纵、或横、或平行于对角线，但转弯处必在星上。读者能依这条件，找到一种仅有12条直线的新路径吗？

220.溜冰游戏　某溜冰场上有64个黑点，排列如图205。一位溜冰者从图示的地点出发，溜过各黑点，共行14条直线而回归原位。求溜冰的途径。（一黑点只可溜过两次）

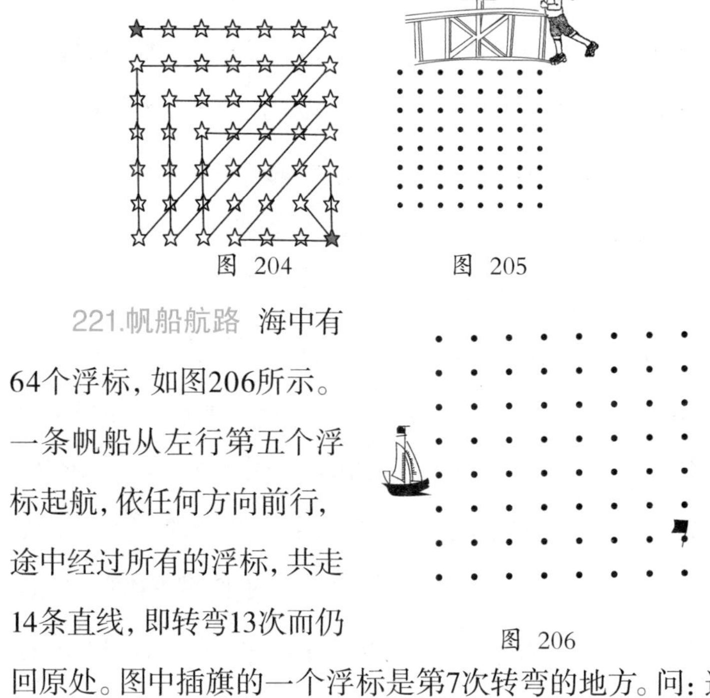

图 204　　图 205

221.帆船航路　海中有64个浮标，如图206所示。一条帆船从左行第五个浮标起航，依任何方向前行，途中经过所有的浮标，共走14条直线，即转弯13次而仍回原处。图中插旗的一个浮标是第7次转弯的地方。问：这帆船的航路是怎样的？

图 206

222.棋子游戏　这是一种两个人玩的游戏。我们先在纸上画30个小圆圈，以作据点，各圆圈间适当地连许多直线，以作道路，如图207所示。现在为便利说明，各据点都标注了数字，在玩时是不需要写数字的。在这许多圆圈中，有一个双圈的13，假定是白棋子最初的据点，另一个有星芒的29是红棋子最初的据点，玩这游戏的规则是这样：甲移动红棋子，乙移动白棋子。甲先移动，接着乙再移动，接下来都相间地移动。每一次移动，比须依道路移到相邻的一个据点。照此进行，直到红棋子和白棋子相遇于同一据点时，乙就输了。

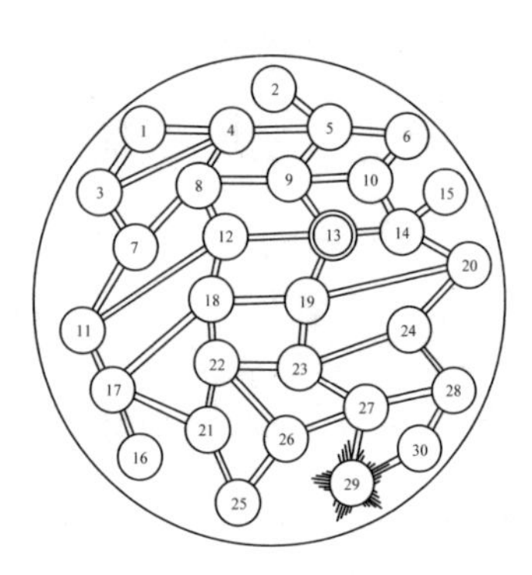

图 207

玩这一个游戏时，如果甲依着适当的路线前进，红棋子与白棋子就必在同一格相遇。但若盲目前进，那也许会永远无法相遇。举一个例子：譬如第一步甲把红棋子移到27，乙把白棋子移到12；第二步甲把红棋子移到23，乙把白棋子移到18；第三步甲把红棋子移到19，乙把白棋子移到22。这样一来，白棋子能在22、23、19、18四个据点上来回移动，使红棋子不能与它相遇。但如果甲按照一条正确路线前进，那么红棋子就必定会与白棋子在同一格相遇。你知道这一正确的路线吗?

223.巡视瓜田 有正方形的农场, 内分64格, 如图208所示, 相间播种植物, 白色格内种瓜果, 黑色格内种谷物。现有某人从右下格的瓜田起, 要巡视所有的瓜田, 不踏入谷物的田, 每瓜田内最多只能通过两次, 且每田角上最多只能走过一次。问: 如果要使所行的直线最少, 应依怎样的路线? (巡行的终点不限于是起始的地方)

224.巡行各室 有小室64间, 内有一人, 位置如图209所示。这人在各室中巡行一周, 仍归原室, 各室都没有重复经过, 共计行56条路线。现在如果不限制要回到原室, 而各室仍不重复走过, 要行56条以上的直路而巡行一周, 问: 要怎样走?

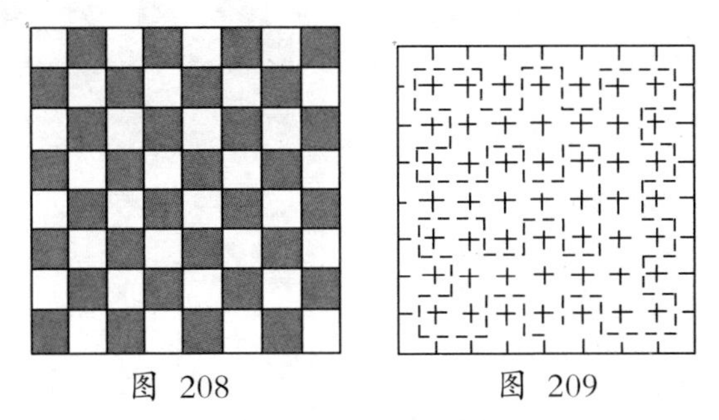

图 208　　图 209

225.棋排金字 棋子29枚, 排在棋盘上, 成一金字, 如图210所示。现在要把这些棋子全部取尽, 取时必须依照下列的三条规则:

(1) 每次所取不得多于1枚。

（2）取时应向纵、横依直线进行。

（3）已拿取的棋子，原位置认作没有棋子。

问：应该如何取？

226.棋子的行程　在图211所示的棋盘右上角的一格中，有一颗棋子。现在要把它依直线移动21次，即转弯20次，使其走遍64个方格，每格只能经过一次。又第10次移动所到达的方格，必须是图中标10的地方，最后到达的方格必须是标21的地方。问：棋子的行程是怎样的？

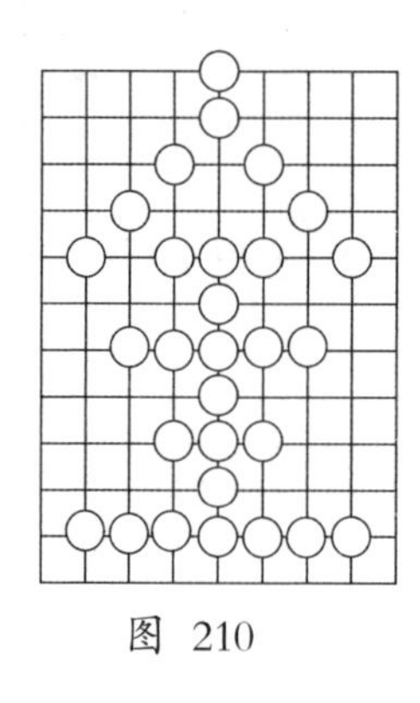

图 210

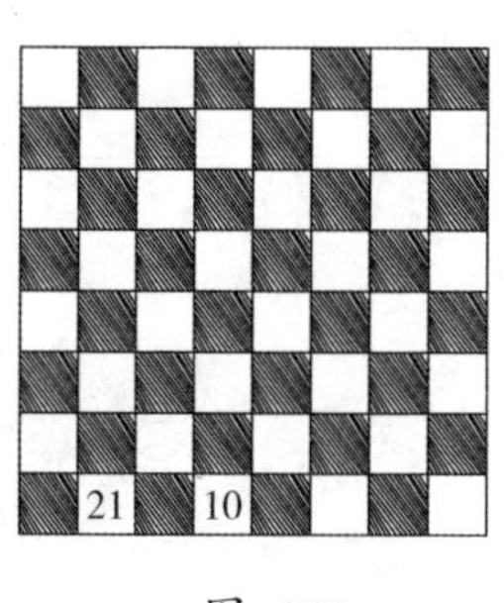

图 211

答　案

204.彩牌敷线　图中集交在每一点的线，一般都成偶数，仅有集交于A和G两点的线成奇数，故应以A、G两点中的任一点为起点，另一点为终点。至于中途的前进路线，四通八达，没有固定。例如，先从A经C、G，绕五角星回到G，再绕圆回到G，经H、I、M、N，绕小圆回到N，经O、U、T、S、R、Q、P、J、K，绕小圆回到K，又经L、F、C、H、M、T、Y、X、S、H、D、A、B、F、R、W、V、Q、L、E、F、G、B、C、D而止于G。

205.一笔画　如图212，从H画起，依HKIJGIHEBCADCEFDGFH回到H，这样就可一笔画成，没有重复经过的线，且没有交叉。

206.连续画　如图213，从甲依箭头的方向先画一个位居中央的八角星，在回到甲时已变换8次方向。再从甲依箭头绕圆到乙，折而到丙，又换两次方向。最后从丙绕圆到了丁，折而到戊，又换两次方向。计变换方向12次而全图画成。

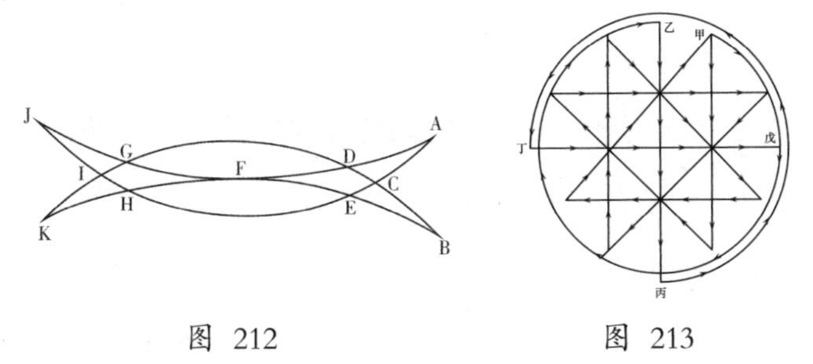

图 212　　图 213

207.走遍花径　照图214所画的虚线，从右上角走起，就能走遍花径而没有重复。

208.走遍花径 照图215虚线所示的路线进行即可。

图 214

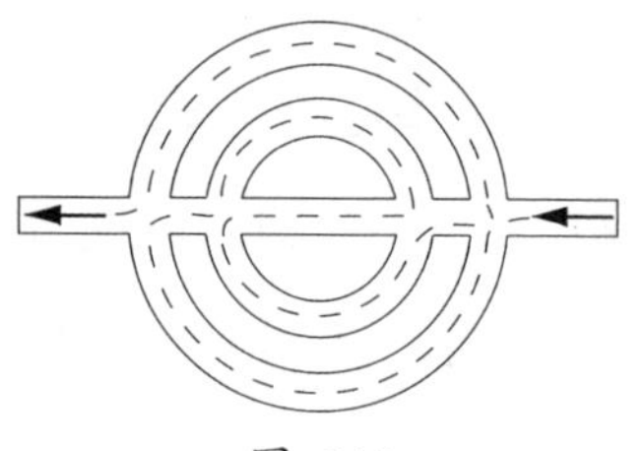

图 215

209.行路难题 照图216的黑线所经的道路，有70里的路程，其中1、2、3……15表示15个转弯。照这样的走法，路程最多。

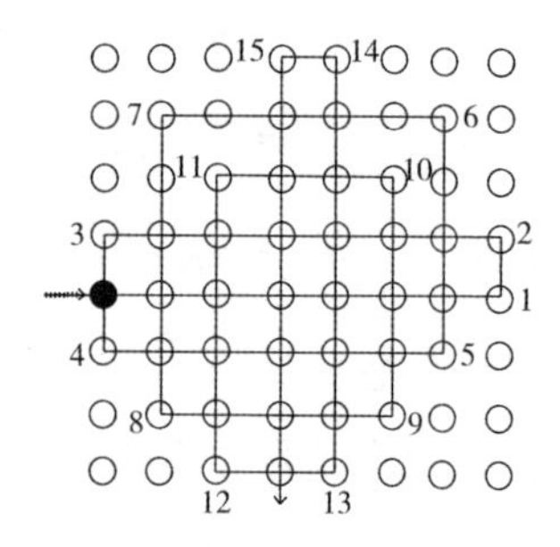

图 216

210.遍游各村 次序是1、9、5、14、8、4、15、6、10、2、13、7、3、11、16、12、1，如果照这样的顺序逆行，也可以。

211.巡查公路 至少有两段路要重复走过。例如，从*B*站出发，则所经各站的次序是*B*、*A*、*D*、*G*、*D*、*E*、*F*、*I*、*F*、*C*、*B*、*E*、*H*、*K*、*L*、*I*、*H*、*G*、*J*、*K*。其中有*D*到*G*和*F*到*I*的两段路是重复走过的。

212.周游群岛 航行的次序需依*A*、*I*、*P*、T、*Z*、*O*、*E*、*U*、*G*、*N*、*S*、*K*、*M*、*B*、*Q*、*D*、*C*、*F*、*R*、*H*、*A*，则到达*C*岛比

较最后。

213.参观隧道 至少需走36丈，次序如下：

1、2、7、8、3、4、9、8、13、14、9、10、15、14、19、18、13、12、7、6、11、12、17、18、19、20、15、10、5、4、3、2、1、6、11、16、17。

其中有五条隧道是重复走过的，即1到2、3到4、6到11、10到15和18到19。

214.汽车回转游戏 本题的答案是有15种不同的回转路径。为了便于说明，改原图的三个方形汽车路线为圆形，如图217，除中心一小圆外，外面有两个环形。先分外环为五等分，再分内环为五等分，所作各直线和三个圆的交点，就可表示原图中的各村庄。如图217的（a），内有画斜线的阴影部分，所有20个村庄，恰巧都在这阴影部分的边缘上，所以我们沿这阴影部分的边缘可在各村庄间回转一周。其次序如下：

A、B、K、L、N、P、R、T、S、J、Q、H、O、F、M、D、C、E、G、I、A。

这是第一种回转路径，把它的次序反过来，不能算作新路径。我们再把图217（a）的阴影部分依顺时针方向转过72°（即圆周的五分之一），又可得一种新的回转路径如下：（读者可将透明纸置于原图上，描下阴影后，把透明纸旋转

72°，沿透明纸的阴影边缘，读出原图上的字母即可）。

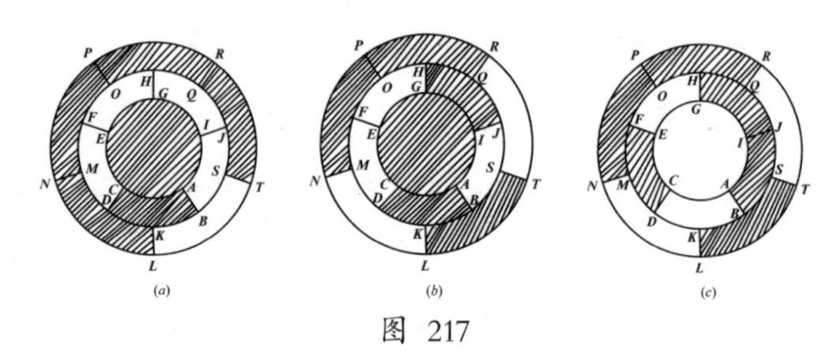

图 217

A、*C*、*D*、*M*、*N*、*P*、*R*、T、*L*、*K*、*B*、*S*、*J*、*Q*、*H*、*O*、*F*、*E*、*G*、*I*、*A*。

照这样继续把阴影部分逐次转过72°，又可得三种新的回转路径，连前共计五种，读者大概都可以自己写出了。

又在图217的（*b*），阴影部分的画法已经变换，得回转路径是：

A、*B*、*S*、T、*L*、*K*、*D*、*C*、*E*、*G*、*H*、*O*、*F*、*M*、*N*、*P*、*R*、*Q*、*J*、*I*、*A*。

把阴影部分逐次转过72°，再得四种新路径，一共又是五种。

再照圈217的（*c*），也得新路径五种，所以本题共有15种答案。

215.六十座村庄　因为所走的方向仅限于东和南，所以从甲村走到第一列的任何一村，或以下各列的西面第一村，都只有1条路可走，如图218，在表示这些村庄的小方形内都填一个1字。如果要从甲村走到第二列第二村，从它的西面一村和北面一村都可走来，所以从甲到它的西、北两村各有1条路，所以到这一村共有1+1=2条路，在图中填2字。又如果要到第二列第三村，因从甲到它的西村有2条路，到它的北村有1条路，所以到这村共有2+1=3条路。以此类推，知道要求从甲到某一村所能走的路的条数，只需先知道从甲到它的西、北两村所能走的路的条数，把两数相加即可。根据这一个原理，可在图218的各小方形中依次填入各数，最后在东南角表乙村的小方形内填得1365，可见从甲村依东和南两个方向走到乙村，共有1365条不同的路可走。

在图218中，向右和向下还可依法添出无论几行和几列的数。

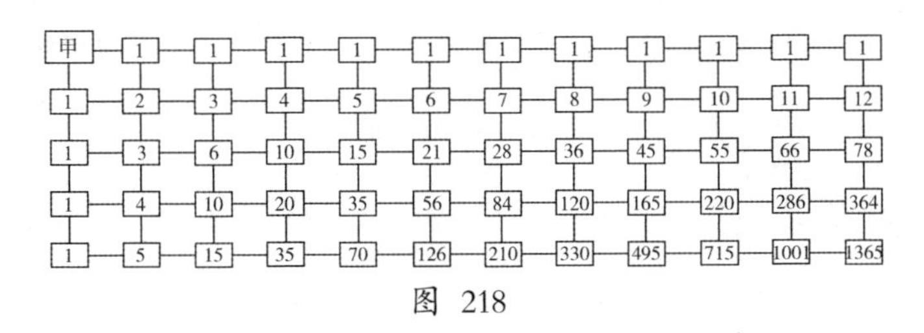

图 218

其中从右上至左下各斜行的数，都是二项式的乘方式的系数，例如1、2，1是$(a+b)^2$的展开式中各项的系数。1、4、6、4，1是$(a+b)^4$的展开式中各项的系数等。如果把这图中左上角的甲改写作1，以它做顶点，上述的任一斜行做底边，这样的许多数列就成了三角形，在西洋叫作“巴斯加三角形”。其实，在中国宋朝杨辉的书中早有记载，这书里记载从前有一位名叫贾宪的数学家，曾经利用它来解开方问题。照这样看来，这一种三角形是我们中国最先发明的，比巴斯加还要早四百多年，我们应该把它改称作“贾宪三角形”才是。

216.行车的谜　图219黑线所示的就是各车所经的路。

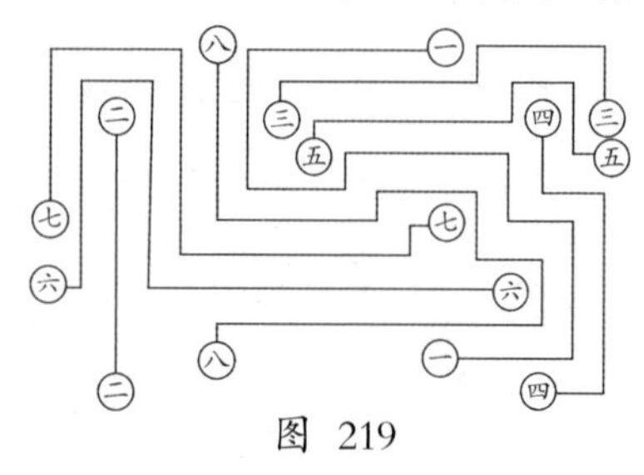

图　219

217.设置管线　如图220，三家设置的管、线并没有相交，但徐勇家的自来水管要经过张智的屋子，否则无法装置。

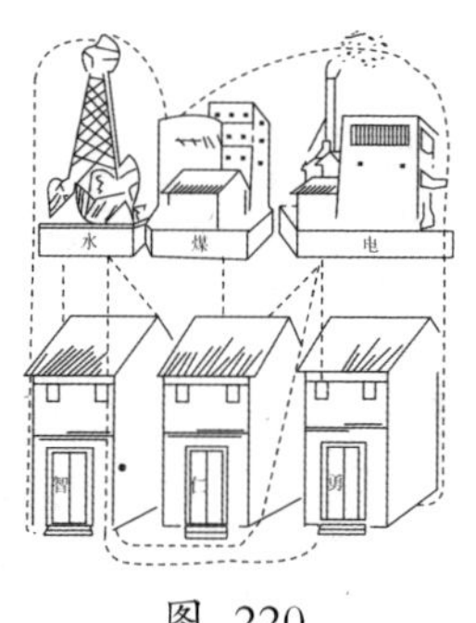

图　220

218.正二十面体　要涂遍30条棱而不重复是不可能的。如3除去CM、DG、EF、HK和LN五条棱，那么要在其他25条棱上各涂一次而把所有的棱都涂上颜色，可依下列的顺序：A、L、M、N、B、M、G、B、K、N、F、L、C、A、D、C、G、H、D、E、K、

F、A、E、H、B。现在要涂遍30条棱，所以其余5棱都必须各涂两次，所涂的顺序只需仍照前述的把这5条棱插入即可。下面括号里的就是插入的各棱：

A、L、M、(C、M)N，(L、N)B、M、G、B、K、(H、K)N、F、(E、F)L、C、A、D、(G、D)C、G、H、D、E、K、F、A、E、H、B。

219.四十九颗星　如图221所示的途径，只有12条直线。

220.溜冰游戏　溜冰　的路径如图222所示。

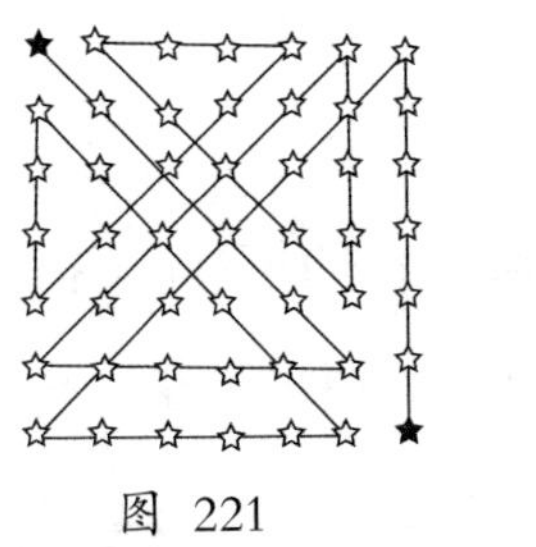

图 221

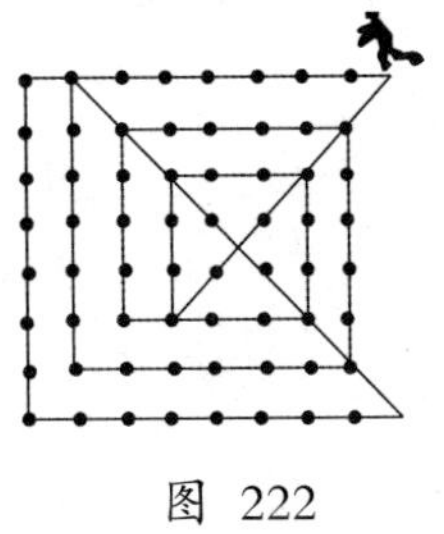

图 222

221.帆船航路　如图223，先依横向或斜向前进都可，第7次转弯处就是插旗的浮标。

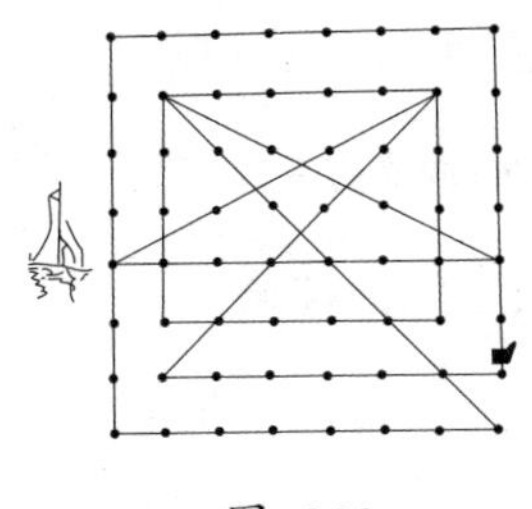

图 223

222.棋子游戏 我们把题中原有的图改画成如图224的样子，可以看得很清楚，其中除1、2、15、16外，其余每四个据点都可组成一个正方形。红棋子最初的九次移动，必须依27、26、22、18、12、8、4、1、3的正确路线，第九次所到达的据点是3。在这九次移动的过程中，白棋子也移动了九次，它的移动方法虽没有一定，但除掉特殊情形（即白棋子比红棋子先到达1，在后面再行讨论）外，白棋子第九次到达的据点，不会是3、5、8、10、11、13……等处，而应是1、2、4、6、7、9……等有斜线记号的十五处据点。这理由很简单，因为白棋子最初在13，要移动到3、5、8、10……等处，移动的次数一定是偶数。

红棋子移动了九次，已到达3，如果这时白棋子移动到1、4或7，那么乙就输了。如果这时白棋子在2，红棋子就到4，于是白棋子只能到5，乙也就输了。又设白棋子第九次移动所到的是6，则红棋子到4，白棋子没有别的路可走，只能到10；红棋子到5，占正方形的对角，白棋子只能到14；以后红棋子到9，继续占据白棋子的对角，白棋子就被逼到只有一条路可走，即被逼到30时，红棋子到27，这时白棋子

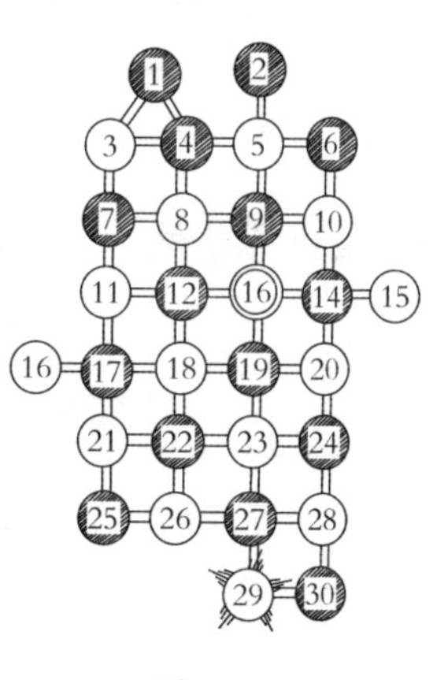

图 224

无论到28或29乙都要输。此外，白棋子第九次移动所到的地方如果是9或14，红棋子第十次移动到4也占到了正方形的对角；白棋子第九次到的是12、19或24，红棋子第十次移动到7，也都占到正方形的对角。白棋子第九次到的是17、22、25、27或30，红棋子虽不能立刻占到它的对角位置，但再移动一、两次后一定能达到目的。

等到红棋子已和白棋子处于正方形的对角位置时，以后白棋子每移动一次，红棋子就移动到另一新的正方形对角位置。只要甲不忘记"占住对角"的重要策略，使红棋子与白棋子成对角位置，至迟在第十七次移动时，一定会与白棋子相遇，因此乙也就输了。

明白了上述的方法，红棋子在开始时前进的正确路线还可以稍稍变通。例如，依27、23、22、18、12、8、4、1、3，或27、23、19、18、12、8、4、1、3等，连前共有六种。只要能在第九次移动到达3，就能保证获得最后胜利。

至于有一种特殊情况是这样的：如果白棋子抢在红棋子之前，先到达左上角的1，那么从13到3至少要移动五次，但红棋子在第五次移动时已到12或9，接着第六次移动到8，白棋子被逼，只能回到1；红棋子再到4，白棋子只能到3，红棋子在第八次移动就能与白棋子相遇。

223.巡视瓜田　如图225所示的途径，仅走17条直线。

224.巡行各室 如图226虚线所示，计行57条直线。

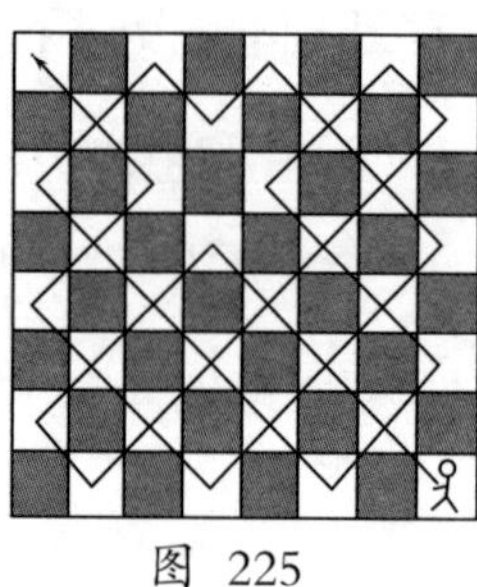

图 225

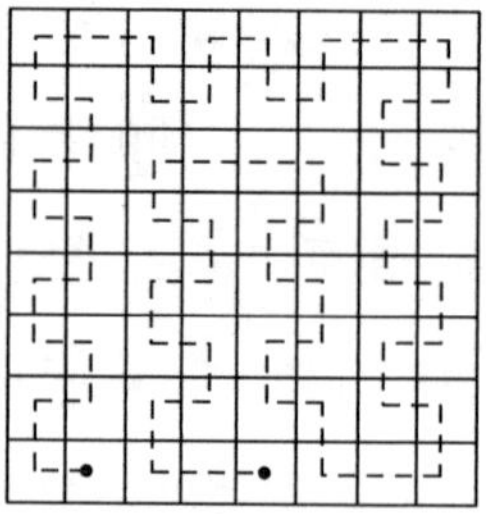

图 226

225.棋排金字 取的顺序如图227所示。

226.棋子的行程 如图228的虚线所示。

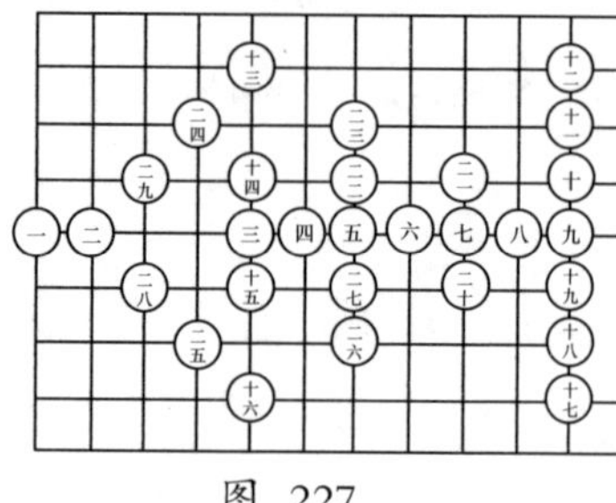

图 227

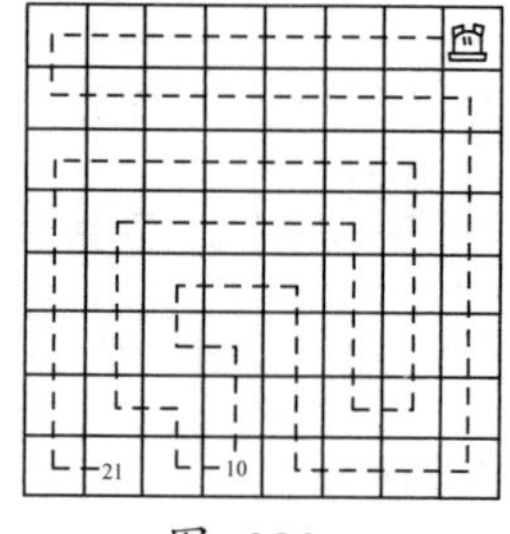

图 228

十三　列阵游戏

问　题

227.奇异纸条　有纸条七张，各纸条从左到右列1至7七个数字，排成正方形，如图229所示。现在要用最简单的方法分割各纸条，重新排成一正方形，使纵、横、斜每七数的和都是28。问：用什么方法分割？

228.交换数字成方阵　用从1到25的二十五个连续整数，依次排成一正方形，如图230所示。现在要互换其中的两个数，使其成为纵、横、斜每五数的和都相等的方阵，问：用何法？（交换数字的次数越少越好）

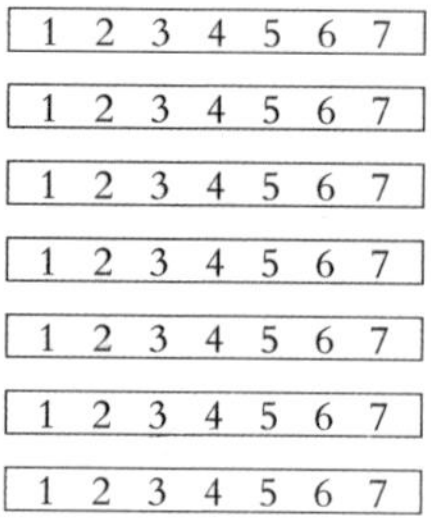

1	2	3	4	5	6	7
1	2	3	4	5	6	7
1	2	3	4	5	6	7
1	2	3	4	5	6	7
1	2	3	4	5	6	7
1	2	3	4	5	6	7
1	2	3	4	5	6	7

图 229

1	2	3	4	5
6	7	8	9	10
11	12	13	14	15
16	17	18	19	20
21	22	23	24	25

图 230

229.奇次方阵的造法 用从1到n^2的许多连续整数排成每边n个数的方阵，使纵、横、斜每n个数的和相等，这是中国古代就有的，排成的方阵叫纵横图。最简单的方阵是每边三个数的，简称三次方阵，汉朝徐岳所著《数术记遗》中“九宫”算法的图就是，也就是后人所说的“洛书”。在宋朝杨辉的书里，曾经叙述过它的制造方法，“九子斜排，上下对易，左右相更，四维挺出。”意思是先把九个数，依次斜排，如图231的（a），再上、下两数对调；左、右两数也对调，成（b）的形状，最后又把四面中间的一数向外移，于是斜排已变为正排，得如图231（c）的方阵。如果把这方阵各边的中点依次连接，所成的也是一个正方形，其中所含的全是奇数，而四角的数都是偶数。

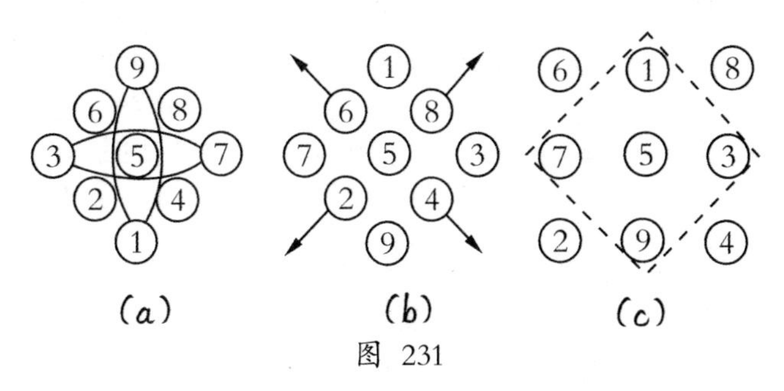

图 231

图232的 (a) 和 (b) 是五次和九次的方阵，它们各边的中点连成的正方形内各数，也都是奇数，而四角的又都是偶数，这些方阵每边所有数的个数都是奇数，总称奇次方阵。无论任何次的奇次方阵，都可用相同的方法造成，且造法有多种，都很巧妙，你知道有哪些造法吗？

14	10	1	22	18
20	11	7	3	24
21	17	13	9	5
2	23	19	15	6
8	4	25	16	12

(a)

42	34	26	18	1	74	66	58	50
52	44	36	19	11	3	76	68	60
62	54	37	29	21	13	5	78	70
72	55	47	39	37	23	15	7	80
73	65	57	49	41	33	25	17	9
2	75	67	59	51	43	35	27	10
12	4	77	69	61	53	45	28	20
22	14	6	79	71	63	46	38	30
32	24	16	8	81	64	56	48	40

图 232

230.四次方阵的造法 依次列出从1到16的十六个数，如图233，把其中的数两两对调，可得各种四次方阵，纵、横、斜每四数的和都是34。如图234的 (a) (b) (c)，依各图上虚线箭头所示的方向，将所有数对调，就得下图的方阵，读者能用其他方法对调，而得到新的四次方阵吗？

1	2	3	4
5	6	7	8
9	10	11	12
13	14	15	16

图 233

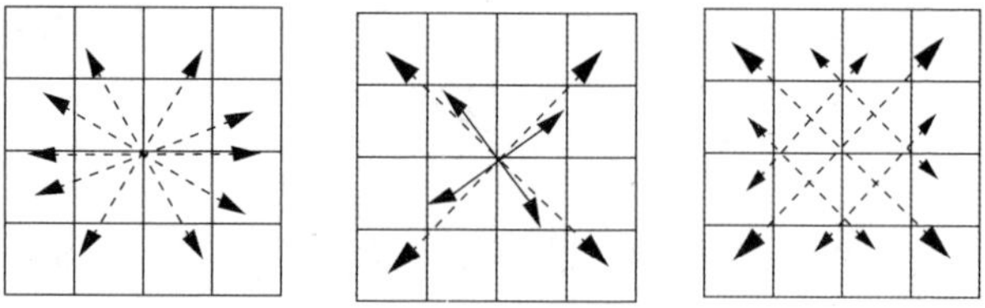

(a)

1	15	14	4
12	6	7	9
8	10	11	5
13	3	2	16

(b)

16	2	3	13
5	11	10	8
9	7	6	12
4	14	15	1

(c)

6	12	9	7
15	1	4	14
3	13	16	2
10	8	5	11

图 234

231.同心方阵 在一个三次方阵的外围，添一周数，可得一个五次方阵；再添一周数，得一个七次方阵。照这样继续添数，可得任何的奇次方阵。这许多方阵叫作同心方阵，它们的造法很简单：先用第229题的方法，造成一个三次方阵，如图236的（a），各数加8，所得的放在图235（c）的中心，再如图235（b）所示的顺序，把数填入图235（c）的外围，其中用线连接的两个圆圈所相应的数填在对角，用线连接的每三个黑点的数填在各面，这样所得的是一个五次同心方阵。

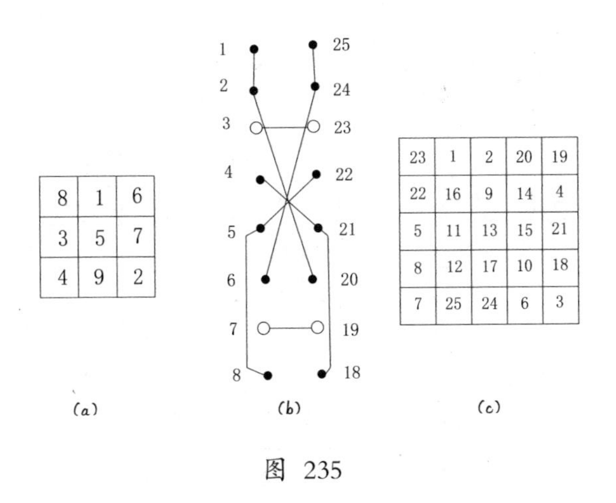

图 235

要造七次的同心方阵，可先在上述得到的五次同心方阵的各数上加12，所得的放在图236（b）的中心，再仿上法依图236（a）所示的顺序在周围添上一周数即可。

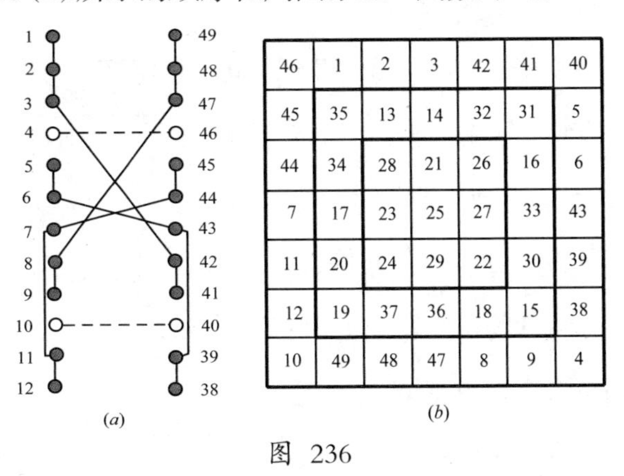

图 236

如果在这一个七次方阵的各数上加16，所得的放在中心，再依图237（a）所示的顺序，在外围添数一周，就得如图237（b）的九次方阵。

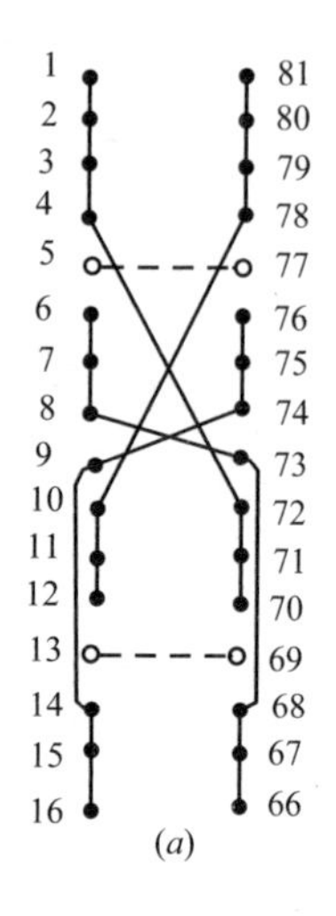

(*a*)

77	1	2	3	4	72	71	70	69
76	62	17	18	19	58	57	56	6
75	61	51	29	30	48	47	21	7
74	60	50	44	37	42	32	22	8
9	23	33	39	41	43	49	59	73
14	27	36	40	45	38	46	55	68
15	28	35	53	52	34	31	54	67
16	26	65	64	63	24	25	20	66
13	81	80	79	78	10	11	12	5

(*b*)

图 237

我们能不能以四次方阵做基础，仿上法造出偶数的同心方阵呢？读者不妨研究一下。

232.T字形方阵 “有如图238的一个正方形，分成25格，其中有斜线所示的9格，组成一T字形，试把从1到25之间的整数填入各方格，成一个纵、横、斜每5数和相等的方阵；但在T字形中的9个数必须都是素数。”你能解决这一个难题吗？

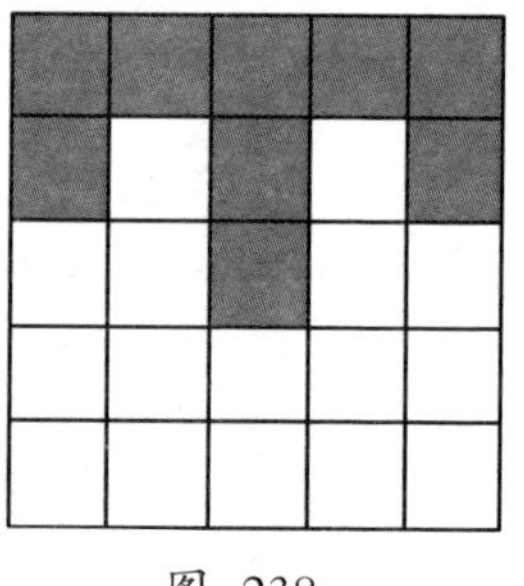
图 238

233.正多角形阵 如图239（*a*）所示的是一个三重的正三角形阵，其中有大、小三个正三角形和三条垂线，每个三角形四围六数的和，以及每垂线上六数的和都是57。圆239

(*b*)是一个四重的正方形阵，其中有大、小四个正方形，每个正方形四周的八个数的和，两条对角线上八个数的和，以及两条垂线上八个数的和都是132。读者能够仿照这两幅图，用从1到50的数，另排一个有类似性质的五重的正五角形阵吗？

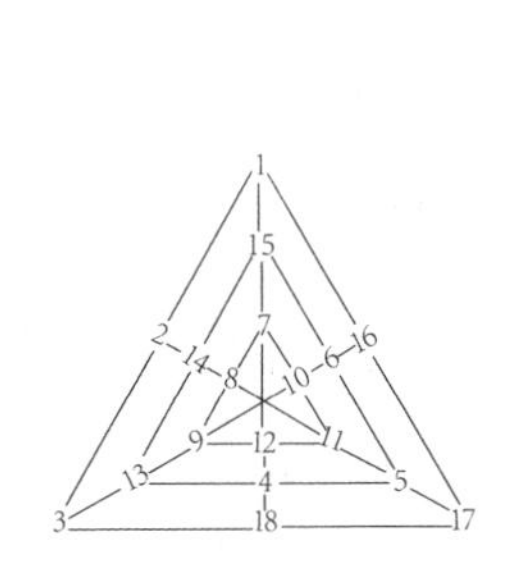

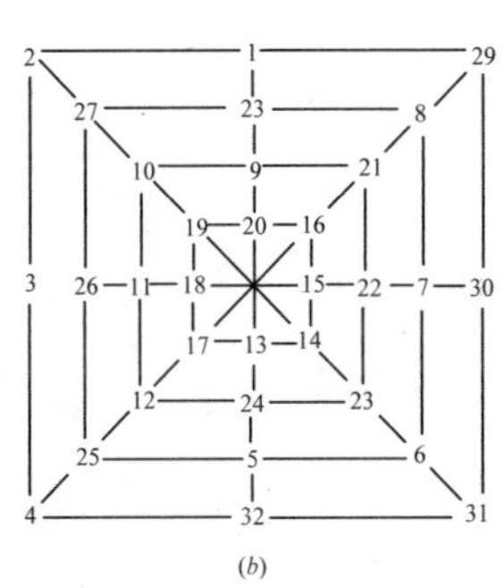

图 239

234.六角星形阵 在如图240的一个六角星形阵中，每一直线的四个数之和都是26。除此以外，还有其他的性质吗？

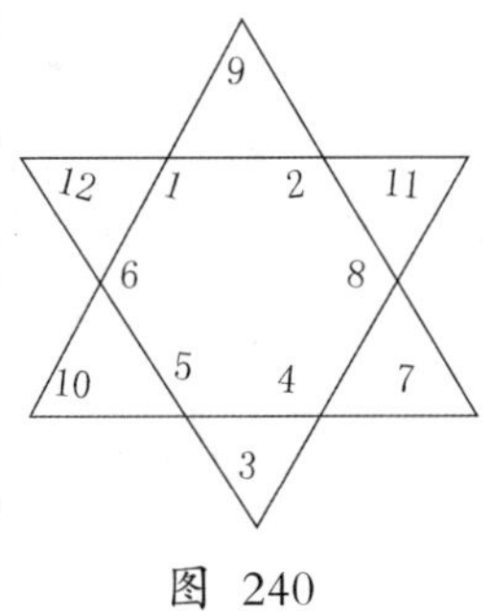

图 240

235.正三角形阵 把从1到9的九个数字依次排在正三角形的四周，如图241的(*a*)。交换1和7，3和9，得如图241(*b*)的形状，其中每边上四数的和都是20。除此以外，还有别的性质吗？

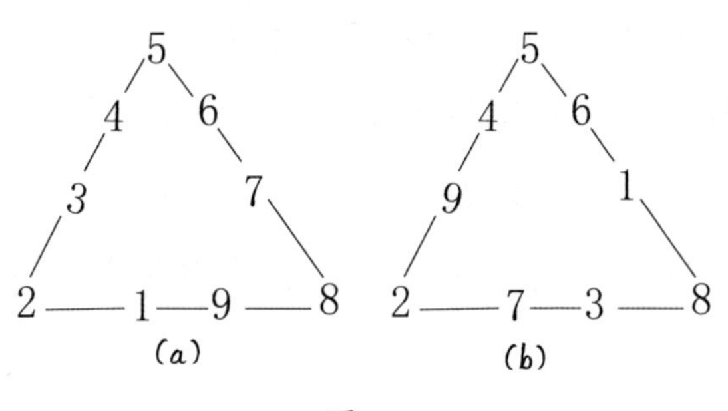

图 241

236.正六角形阵　取从1到19的十九个数，排成一个正六角形的阵，如图242所示，其中六角形各边，以及对角线组成的三角形各边上三数的和都等于22。如果仍照原来的样子，变更各数的排列顺序，使每一三角形各边上三数的和都等于23，问：应该怎样排列？

237.古圆阵　宋朝杨辉的《续古摘奇算法》和明朝程大位的《算法航宗》两书中，除记载了许多方阵的图形外，还有许多圆形的阵图，都很巧妙有趣，现在摘录数图如下。

在图243所示的杨氏“聚八图”中，除在每圆周上八数的和都等于100外，还有下列的三种和数也都等于100：

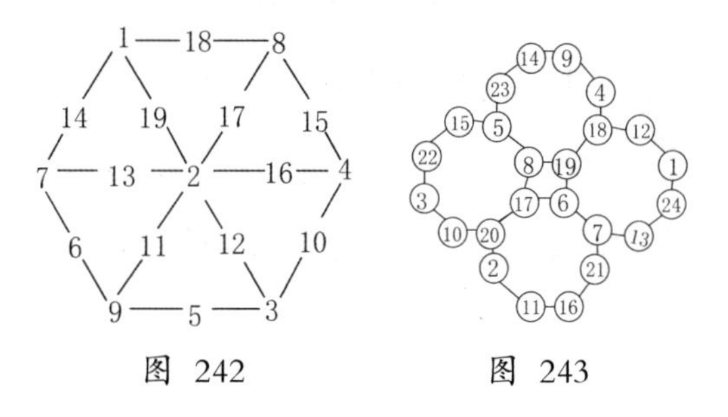

图 242　　图 243

9+14+22+3+11+16+24+1=100

4+23+15+10+2+21+13+12=100

18+5+20+7+19+8+17+6=100.

图244是程氏的两种“八阵图”，在（a）中用从1到32的数排成四个同心圆，每圆周上的八数，每直径上的八数之和都是132；在（b）中用从1到32的数排成四个等圆，分列四角后，中间又生一圆，五个圆的圆周上八数之和都是132。

如果我们用从1到33的数，仿图244（a）排成四个同心圆，但在圆心上也排一个数，能不能使各圆周连中心共九数，以及各直径上的九数之和都相等呢？又用从1到72的数，仿图244（b）排成九个等圆，分列三行，每行三圆，中间可生四个新圆，能不能使这十三个圆的圆周上八数之和都相等呢？

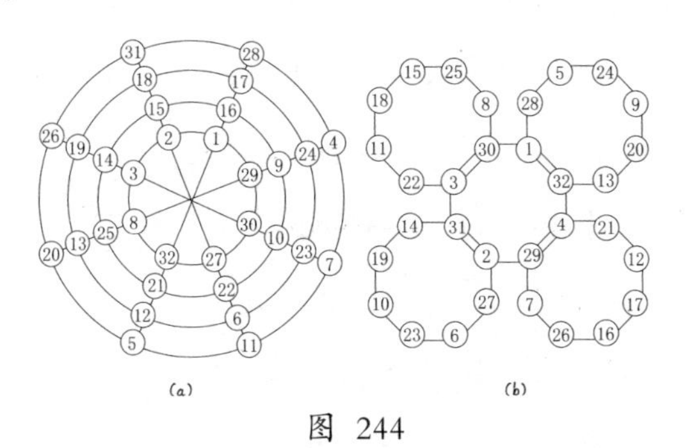

图 244

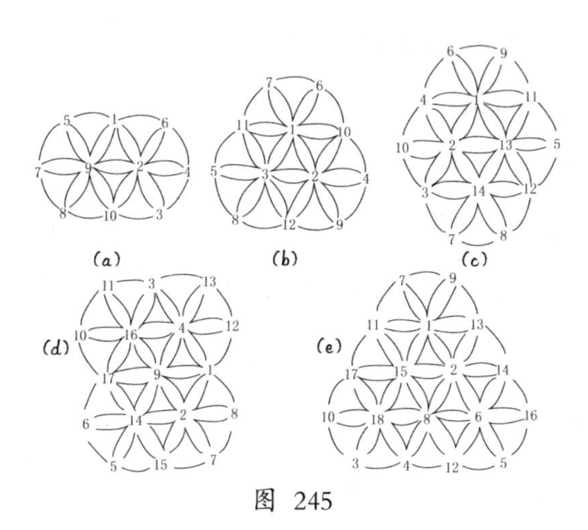

图 245

238.新圆阵 作许多相交的等圆，在各交点上写从1起的许多自然数，可使每个圆上的六数之和都相等，如图245（*a*），有两个整圆，每圆上六数之和是38。又图245（*b*）有三个整圆，每圆上六数之和是39；（*c*）有四个整圆，和是45；（*d*）有五圆，和是54；（*e*）有六圆，和是57。读者能继续造出有七个、八个、九个和十个整圆的新圆阵吗？

239.立体方阵 中国古书中所载的纵横图，除平面上的方阵和圆阵外，还有各种立体的阵，清朝保其寿所著的《碧奈山房集》中记载了立体阵图二十种，都非常巧妙，现在单举立方体一种，

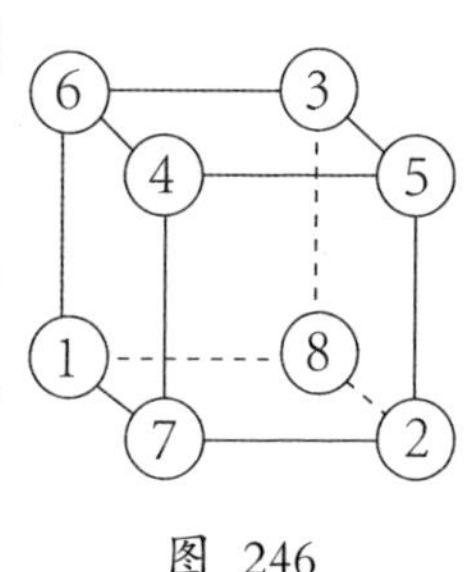

图 246

其余可参阅各种书籍（此处有注释：商务版《算史论业》和开明版《中国算数故事》）。如图246，在立方体的八个顶点

上写从1到8的八个数字，那么每面四角上四数之和都等于18。这是保其寿书中记载的一种最简单的立体阵，名叫“六合立方图”。

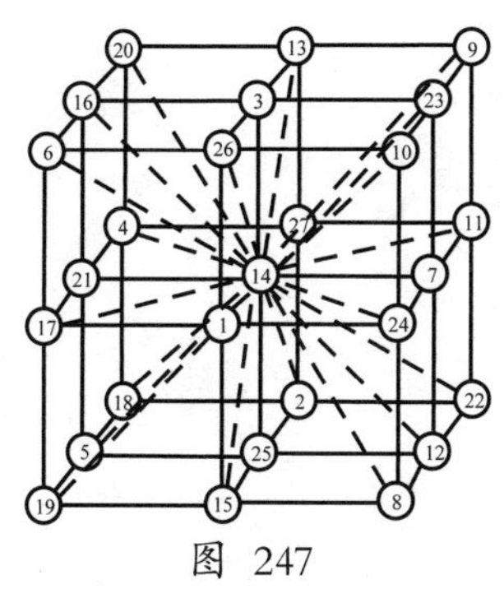

图 247

我们现在来把保氏的六合立方图推广一下，得知图247的立体方阵，各面和各中层都是一个三次方阵，凡在一直线上的三数，和都是42，共计有37种相同的和数。又各面和各中层每九数的和都是126。

我们能不能再推广一下，用从1到64的数，排成各面、各层都是四次方阵的一个立体方阵呢？

240.八颗图章　有八颗正方形的图章，排列在一个正方匣内，中间还空着一方图章的位置，又各图章都有一号码，排列顺序如图248所示。现在要用最少的次数在匣内移动这八颗图章，不得取出匣外，使纵、横、斜各数的和都相等，问：应怎样移？（其中有一颗图章始终不能移动）

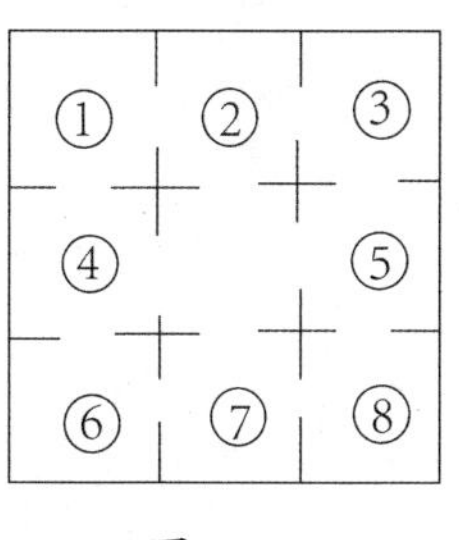

图 248

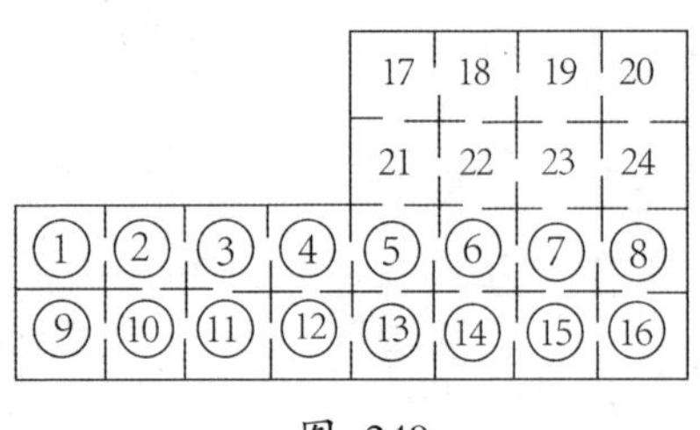

图 249

241.巧排方阵 画一个矩形，长边八格，短边两格，每一格内依次写从1到16的十六个数，排列如图249。又在5、6、7、8四数的上方添画八格，每列四格，依次写从17到24的八个数（没有圆圈的），表示格的次序。现在要以最少的步骤移动从1到16的十六个数，使在右边的一个大正方形内排成一个四次方阵，纵、横、斜各行每四数的和都是34。所谓一次移动，是把一个圈内的数经过无论多少个空格，而放在某一空格里。问：应该怎样移？（一格内不能同时容纳两数）

242.四十九枚圆版 有小圆版49枚，其上写七种不同的字母和数字，排列成正方形，各行的字母都相同，各列的数字也都相同，如图250所示。现在要重新排列，使各行各列和两对角线上七枚小圆版上的字母和数字都不相同，问：要怎样排？

243.八色难题 取八种同大的彩色方纸共62张，排成一个正方形，但下方的两角各缺少一张，如图251所示，其中纵、横、斜各行上所有纸片的颜色各不相同。现在要改变排列，使仍具原有的性质，但两个空缺必须移至图中用粗线所表示的位置（即原来白、红两纸片的位置），问：要怎样排？

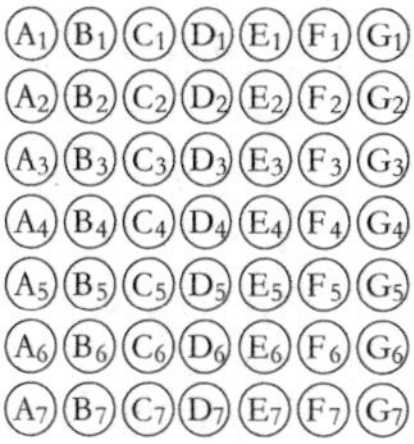

A_1	B_1	C_1	D_1	E_1	F_1	G_1
A_2	B_2	C_2	D_2	E_2	F_2	G_2
A_3	B_3	C_3	D_3	E_3	F_3	G_3
A_4	B_4	C_4	D_4	E_4	F_4	G_4
A_5	B_5	C_5	D_5	E_5	F_5	G_5
A_6	B_6	C_6	D_6	E_6	F_6	G_6
A_7	B_7	C_7	D_7	E_7	F_7	G_7

图 250

堇	红	黄	绿	橙	紫	白	蓝
白	蓝	橙	紫	黄	绿	堇	红
绿	紫	白	堇	蓝	红	黄	橙
红	黄	蓝	橙	绿	堇	紫	白
蓝	绿	红	黄	紫	白	橙	堇
橙	堇	紫	白	红	黄	蓝	绿
紫	白	绿	蓝	堇	橙	红	黄
	橙	堇	红	白	蓝	绿	

图 251

答案

227.奇异纸条 最简单的分割法是割6次，共得13条，列成如图252的方阵即可，但若移第一条以作最下一条，仍可得纵、横、斜七数之和等于28。若又继续移第二条作最下一条，仍是一样；继续循环移动，常得每七数

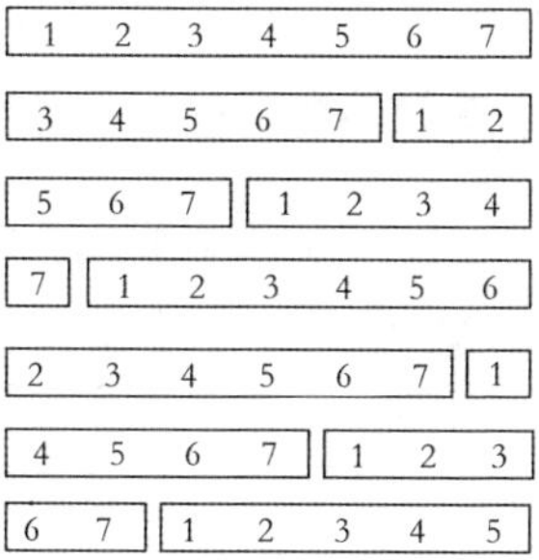

1 2 3 4 5 6 7
3 4 5 6 7	1 2
5 6 7	1 2 3 4
7	1 2 3 4 5 6
2 3 4 5 6 7	1
4 5 6 7	1 2 3
6 7	1 2 3 4 5

图 252

等和的方阵，不是很神奇吗?

228.交换数字成方阵 交换的方法有两种:

（1）1和15换，11和25换，3和21换，5和22换，7和18换，8和19换，9和12换，14和17换，得如图253的（a）。

（2）2和23换，3和24换，4和12换，14和22换，6和18换，8和20换，10和11换，15和16换，得如图253的（b）。

229.奇次方阵的造法 分述四种不同的造法如下:

（1）要造每边n个数的奇次方阵，先自上而下依次写从1到n的各数于中央一行，如图254的（a）是假定n等于5的，实际无论n等于什么奇数都是一样的。再在各斜行填入相同的数，但斜行没有数的可依循环的顺序填入。继续另造如图254（b）的圆，先自上而下列出从0到（n–1）各数于中行，再在各斜行填入相同的数，但在（a）里如果是向左斜，在（b）里就应该是向右斜。造好这两幅图以后，以n乘（b）的各数，加在（a）格内相对应的数上，就可得到所需的奇次方阵，例如图254（b）的各数乘5后，加在（a）格内相对应，就得题中所示的图232（a）的形状。

15	2	21	4	23
6	18	19	12	10
25	9	13	17	1
16	14	7	8	20
3	22	5	24	11

(*a*)

1	23	24	12	5
18	7	20	9	11
10	4	13	22	16
15	17	6	19	8
21	14	2	3	25

(*b*)

图 253

4	5	1	2	3
5	1	2	3	4
1	2	3	4	5
2	3	4	5	1
3	4	5	1	2

(*a*)

2	1	0	4	3
3	2	1	0	4
4	3	2	1	0
0	4	3	2	1
1	0	4	3	2

(*b*)

图 254

(2) 在n^2个方格外多画若干方格，先把从1到n^2的各数依次填入n^2个方格内，如图255是假定n等于5的，填好后设想这正方形内有两条对角线，把这正方形分成四个三角形，把上方三角形内所有的偶数都移到n^2个方格下面相对应的格内；下方三角形内的所有偶数都移到n^2个方格上面相对应的格内。同样，再把左方的移到右，右方的移到左，变斜为正即可。

				18				
			22		24			
		1	2	3	4	5		
	10	6	7	8	9	10	6	
14		11	12	13	14	15		12
	20	16	17	18	19	20	16	
		21	22	23	24	25		
			2		4			
				8				

图 254

(3) 在n^2个方格外多画若干

方格，把从1到n^2的各数依斜向顺次填入，如图256所示的也是设n=5而排成的。在这图中画出每边n的许多正方形，如图粗线所示，把所有的正方形全部重叠在一起即可。

（4）依次连n^2个方格所拼成的正方形各边中点，得一斜向的正方形，填入连续的奇数，如图267所示。再把这斜向的正方形一组对边延长，使其为原长的二倍，得一同大的斜向正方形，以连续的偶数填入。最后把原正方形外的三个等腰直角三角形割下，补满原形内三个形状和方向完全相同的空处即可。

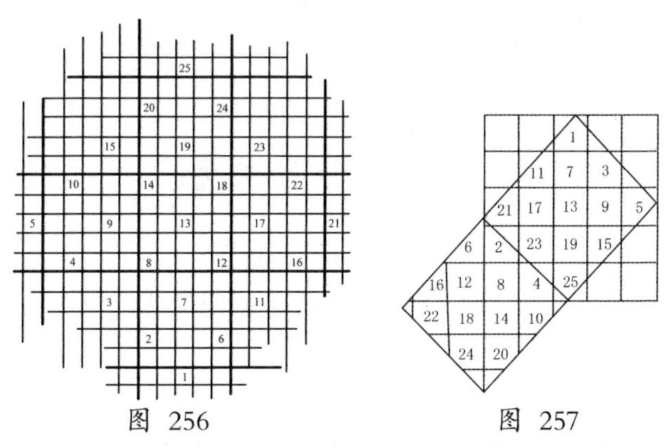

图 256　　图 257

230.四次方阵的造法　每两数对调，造四次方阵的方法很多，现在再举三个例子，如图258所示，读者可自行继续研究。

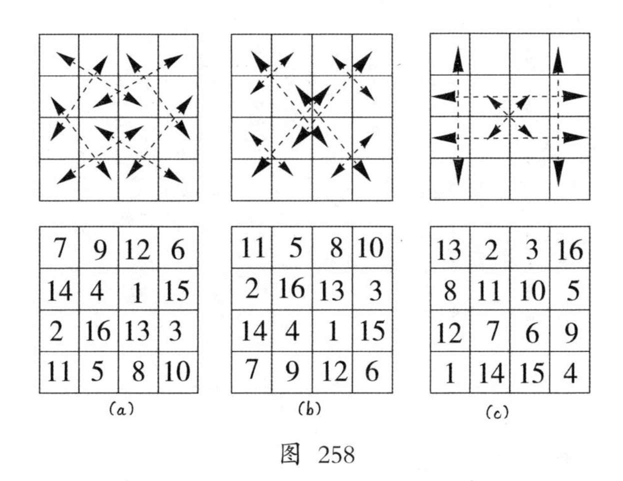

7	9	12	6
14	4	1	15
2	16	13	3
11	5	8	10

(a)

11	5	8	10
2	16	13	3
14	4	1	15
7	9	12	6

(b)

13	2	3	16
8	11	10	5
12	7	6	9
1	14	15	4

(c)

图 258

231.同心方阵 先把图234（*a*）的四次方阵的各数上加10，所得的放在中心，再依图259（*a*）所示的顺序在外围添数一周，就得如图259（*b*）的六次方阵。在这六次方阵的各数上又加14，依图260（*a*）所示的顺序在外面添一周数，又得图260（*b*）的八次方阵。同法，再加18，依图261（*a*）添数，可得图261（*b*）的十次方阵。

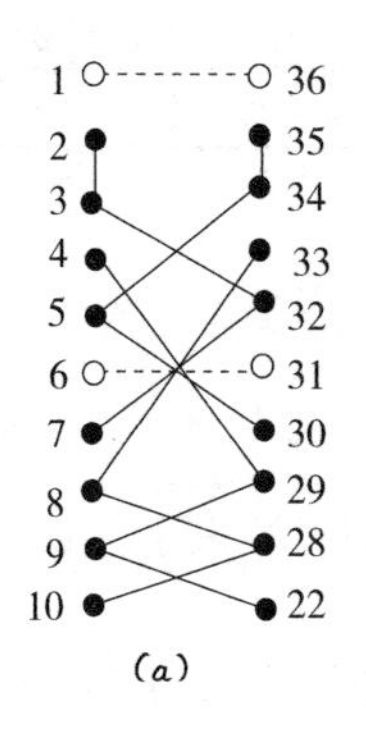

(a)

1	35	34	5	30	6
33	11	25	24	14	4
8	22	16	17	19	29
28	18	20	21	15	9
10	23	13	12	26	27
31	2	3	32	7	36

(b)

图 259

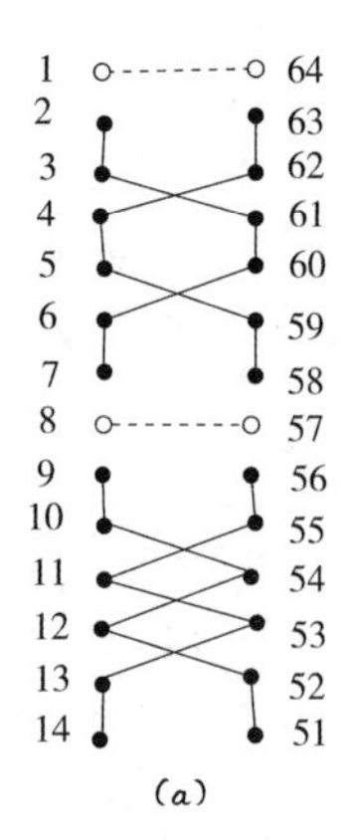

(a)

1	63	62	4	5	59	58	8
56	15	49	48	19	44	20	9
55	47	25	39	38	28	18	10
11	22	36	30	31	33	43	54
53	42	32	34	35	29	23	12
13	24	37	27	26	40	41	52
14	45	16	17	46	21	50	51
57	2	3	61	60	6	7	64

(b)

图 260

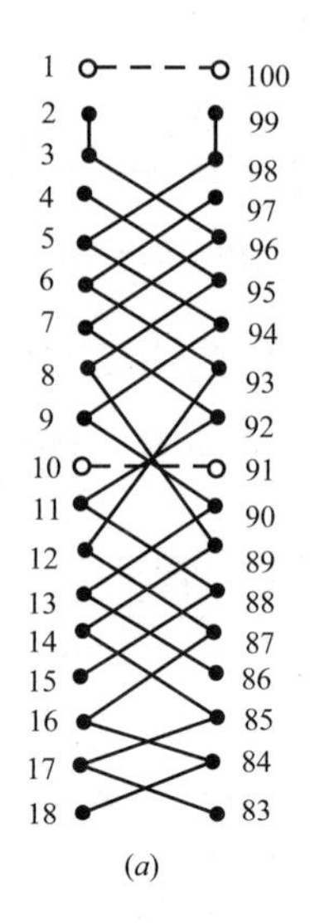

(a)

1	99	98	5	94	9	90	13	86	10
97	19	81	80	22	23	77	76	26	4
6	74	33	67	66	37	62	38	27	95
93	73	65	43	57	56	46	36	28	8
12	29	40	54	48	49	51	61	72	89
87	71	60	50	52	53	47	41	30	14
16	31	42	55	45	44	58	59	70	85
84	32	63	34	35	64	39	68	69	17
18	75	20	21	79	78	24	25	82	83
91	2	3	96	7	92	11	88	15	100

(b)

图 261.

232.T字形方阵　从1到25的二十五个数中，共有十个素数，即1、2、3、5、7、11、13、17、19、23。如图262的方阵，除2外的九个素数都排在T字形内，就是本题的答案。

233.正多角形阵 如图263，是用从1到50的数排成的一个五重正五角形阵。其中大、小五个正五角形的周围十数之和，以及边的五条垂线上各十数之和都是255。

19	23	11	5	7
1	10	17	24	13
22	14	3	6	20
8	16	25	12	4
15	2	9	18	21

图 262

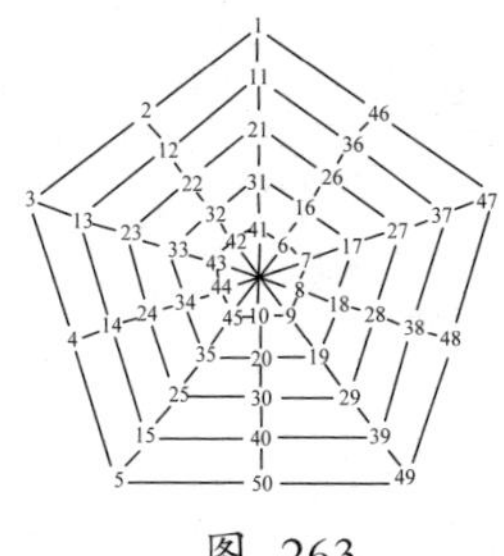

图 263

234.六角星形阵 其他的性质如下：

任一大三角形顶点上三数的和=正六角形顶点上六数的和=任一平行四边形顶点上四数的和=26。

235.正三角形阵 每边上四数的平方和也都相等，即

$5^2+6^2+1^2+8^2=5^2+4^2+9^2+2^2=2^2+7^2+3^2+8^2=126$

236.正六角形阵 照图264的顺序排列即可。

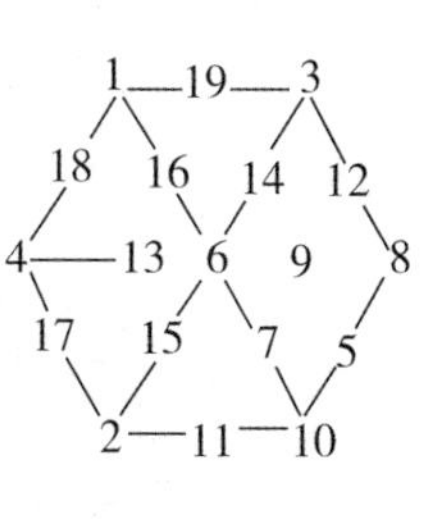

图 264

237.古圆阵 如图265（*a*），是杨氏的"攒九图"，其中每圆周连中心的九数之和，以及各直径上九数之和都是147。又如图265（*b*），是杨氏的"连环图"，其中十三个圆周上每八数之和都是292。

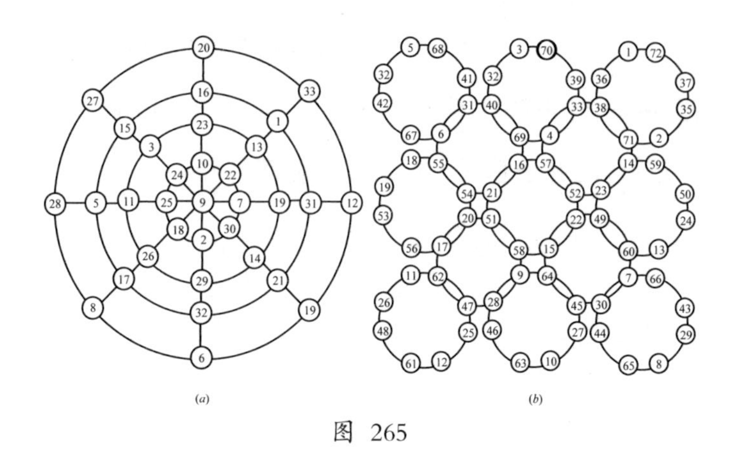

图 265

238.新圆阵 图266的 (a) 是有七个整圆的，每圆上六数之和都是60；(b) 有八圆，和是69；(c) 有九圆，和是72；(d) 有十圆，和是78。

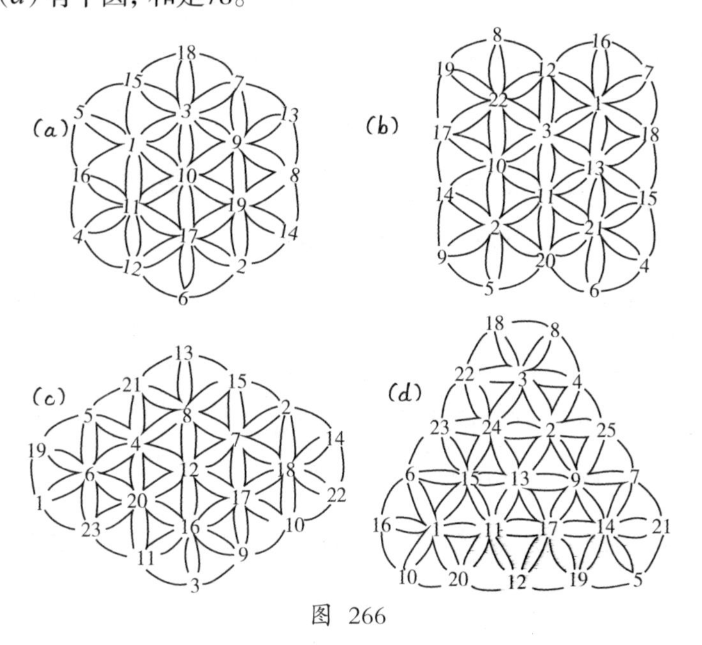

图 266

239.立体方阵　如图267的一个立体方阵，凡在一直线上的四数之和都是130，共计有56种相同的和数。又各面、各层每十六个数的和都是520。

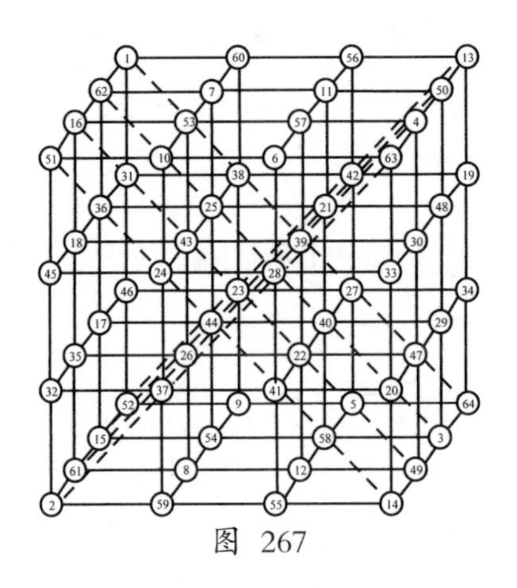

图 267

240.八颗图章　如果把八颗图章排列成图268（*a*）的形状，纵、横、斜各数的和都是12。再把它旋转，每转90°，就得到一种新的形状，这样共得四种不同的方阵。若又使其中的各数左右对调，再逐次旋转90°，又得四种不同的方阵。但要从原式移成这八种方阵，移动次数最少的是如图268（*a*）和（*b*）的两种。（*a*）是依5、3、2、5、7、6，4、1、5、7、6、4、1、6、4、8、3、2、7的顺序移成的；（*b*）是依4、1、2、4、1、6、7、1、5、8、1、5、6、7、5、6、4、2、7的顺序移成的，移动的次数各是十九。但仅有（*b*）中3始终没有移动，所以是本题唯一的答案。

241.巧排方阵 最少的步骤必须经十四次。若以8—17表移数8到原有的17号空格，以14—8表移数14到原先的数8留下的空格，得移动的次序如下：

8—17，16—21，6—16，14—8，5—18，4—14，3—24，

11—20，10—19，2—23，13—22，12—6，1—5，9—13。

最后得如图269的四次方阵，其中7和15两数始终未动。

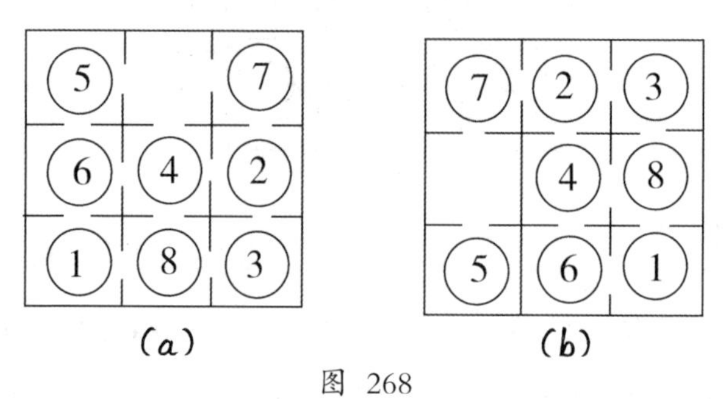

图 268

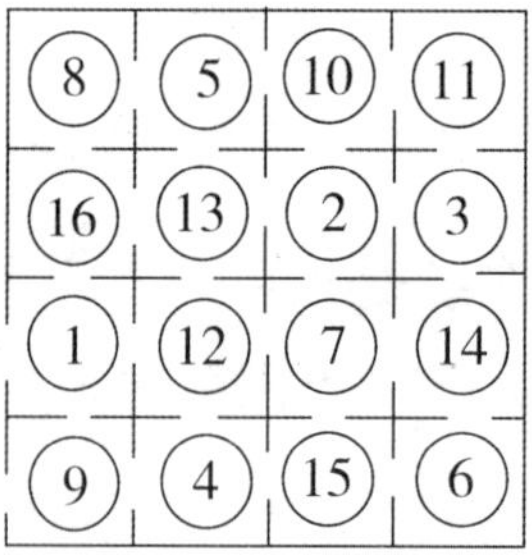

8	5	10	11
16	13	2	3
1	12	7	14
9	4	15	6

图 269

242.四十九枚图版 排列的顺序如图270所示。

243.八色难题 排法见图271。

A 1	B 2	C 3	D 4	E 5	F 6	G 7
F 4	G 5	A 6	B 7	C 1	D 2	E 3
D 7	E 1	F 2	G 3	A 4	B 5	C 6
B 3	C 4	D 5	E 6	F 7	G 1	A 2
G 6	A 7	B 1	C 2	D 3	E 4	F 5
E 2	F 3	G 4	A 5	B 6	C 7	D 1
C 5	D 6	E 7	F 1	G 2	A 3	B 4

图 270

堇	黄	红	绿	橙	白	紫	蓝
红	橙	蓝	黄	紫	堇	绿	白
蓝	白		橙	绿		红	堇
紫	绿	堇	白	红	蓝	橙	黄
白	蓝	橙	紫	黄	绿	堇	红
绿	红	黄	堇	蓝	紫	白	橙
黄	堇	绿	红	白	橙	蓝	紫
橙	紫	白	蓝	堇	红	黄	绿

图 271

十四　植树妙法

问　题

244.九树成十行　植树九株，使其成十行，每行有树三株，当用何法？

245.植树难题　有正方地一块，植树49棵，如图272所示。后来砍去了4棵，见余下的有杏树10棵，桃树35棵，而杏树恰成5行，每行4株。问：砍去的是哪4棵？又余下的杏树是哪10棵？

246.植树难题　有正方形土地一块，中间建一住宅，四周植树55棵，如图273所示。在这55棵树中，有杏树10棵，李子树10棵，其余都是桃树。又杏树和李树各成5行，每行都是4棵。问：这些树是怎样排列的？注：东北角（即图中的右上角）的杏树和李树最少。

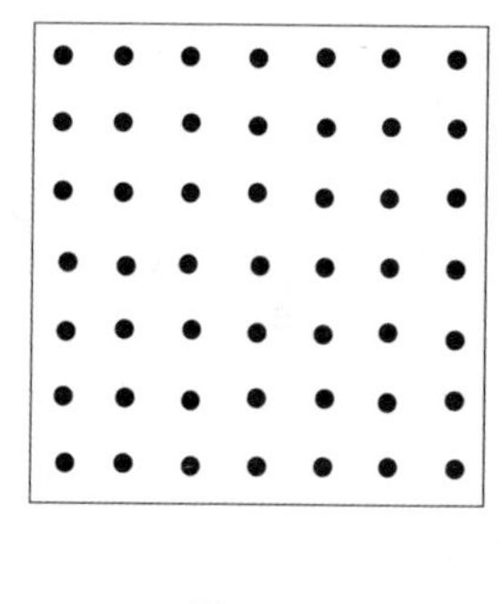

图 272

图 273

247.排列树木 植树21棵，问：怎样排列可得12行，每行5棵？

248.插针问题 用针6只，插在如图274中的黑点上，使每行、每列和每一对角线上都没有两针或两针以上，问：怎样插？

249.移棋问题 用棋子12枚，排列成六角星形，共有6行，每行有棋子4枚，如图275所示。现在要移动其中的4枚棋子，使其变成7行，每行仍是4枚，问：要怎样移动？

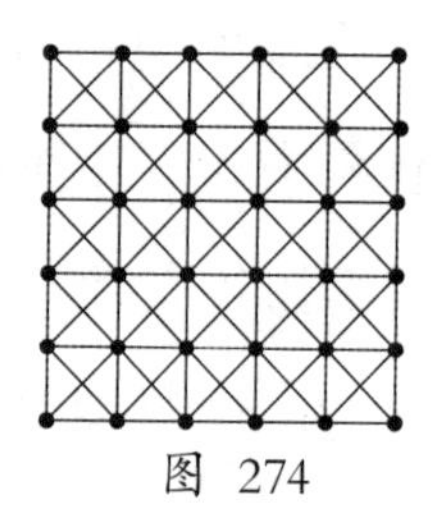

图 274

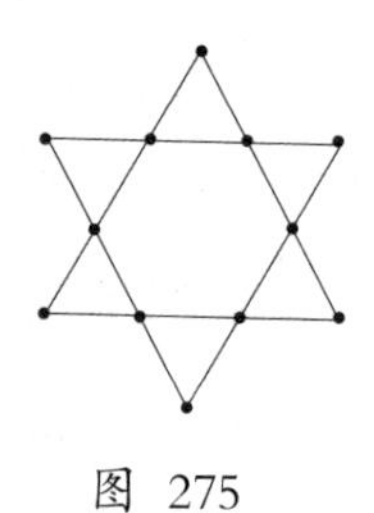

图 275

答 案

244.九树成十行 用点表树，用直线表行，答案如图276。

245.植树难题 答案见图277，其中以○表示的是杏树。

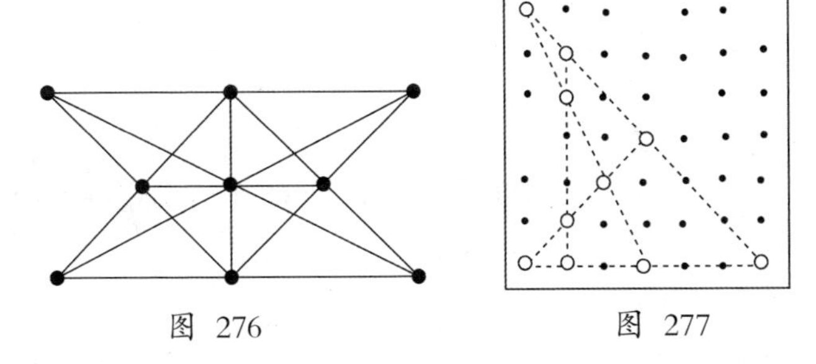

图 276　　图 277

246.植树难题 如图278，用○表杏树，×表李树，恰巧各成5行，每行4棵。又东北角的9棵树中只有杏树1棵，是最少的，符合题意。

247.排列树木 本题的答案有两种，如图279所示。

248.插针问题 本题的答案如下：

第一针插在第一列第三点，第二针插在第二列第六点，

第三针插在第三列第二点，第四针插在第四列第五点，

第五针插在第五列第一点，第六针插在第六列第四点。

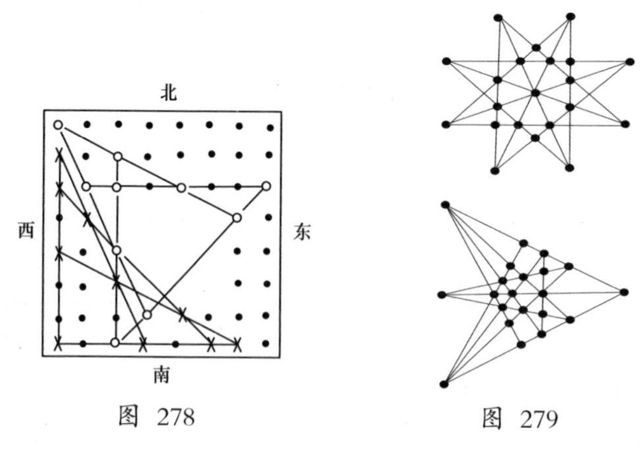

图 278　　图 279

249.移棋问题　如图280，棋子4枚由×处移到○处即可。

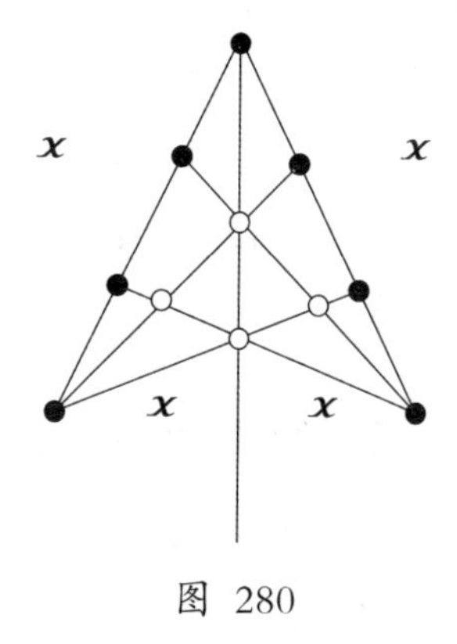

图 280

十五　怎样排列

问　题

250.纸牌三角　取从1点到9点的纸牌各一张，排成三角形，使每边上四张纸牌的点数之和都相等。如图281所示的是一种答案。问：另外还有几种答案？（若左右完全对调，即4、9、5、1依次各和7、3、8、6对调，不能算作一种新的排列）

251.牌成丁字　取从1点到9点的纸牌各一张，排成丁字形，使纵、横每五张纸牌点数的和相等。如图282所示的是一种答案。问：另外还有几种答案？（若左右对调，不能算作一种新的排列）

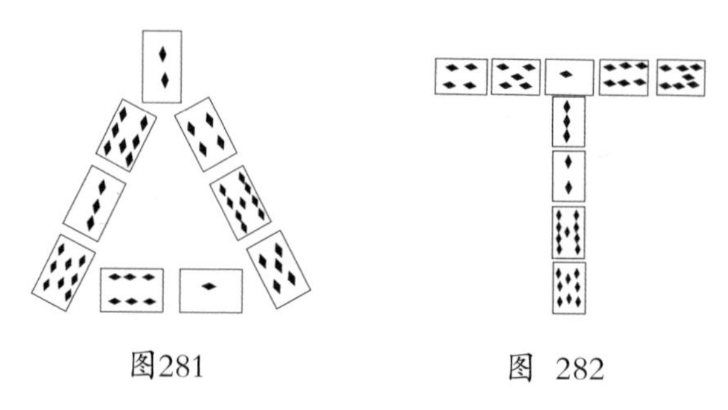

图281　　　　图 282

252.牌成口字　某人取从1点到10点的纸牌各一张，想排一个口字形，使上、下两边各三张，左、右两边各四张，各边点数之和都相等。他排了好久，得如图283的形状，其中的上、左、下三行点数的和虽各是14，但右行是23，不能完全相等。读者能够替他重排一下，使各边点数的和都相等吗？

253.棋子游戏　取棋子16枚，排成如图284的形状，每边三格内棋子的和数都是7枚。现在要在总数内加进1枚，重新排列，使每边三格内棋子的和数仍是7，应该怎样排？若又继续递加1粒，一直加到总数是24枚，每边的和常为7，当用何法？

图 283

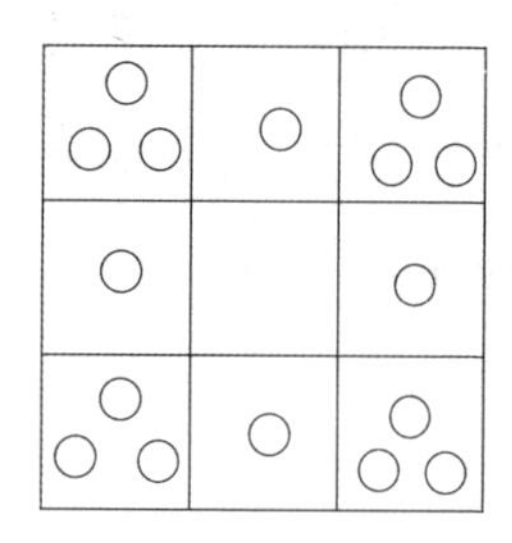

图 284

254.巧排棋子 取棋子20枚，排成13个正方形，如图285所示。现在要拿出5枚，使原来的13个正方形全部不存在，问：应拿出哪5枚？

255.宿舍趣题 某处宿舍有寝室八间，成方环形，中间有一楼梯间，可通到各室，如图286所示。在某个星期一，有人检查了各室所住的人数，见东、西、北三面每三室人数的和恰相等，而南面三室人数的和是其他三面中任意一面的6倍。大家觉得各室人数分配不均，准备以后逐日加以调整。在星期二查得南面三室的人数之和是其他三面中任意一面的5倍；星期三查得南面的人数是其他三面中任意一面的4倍；星期四则查得南面的人数是其他三面中任意一面的3倍；星期五查得南面的人数是其他三面中任意一面的2倍。直到星期六，才调整到四面每三室人数之和都相等。问：这宿舍里至少住几人？这六天内各室人数的分配是怎样的？

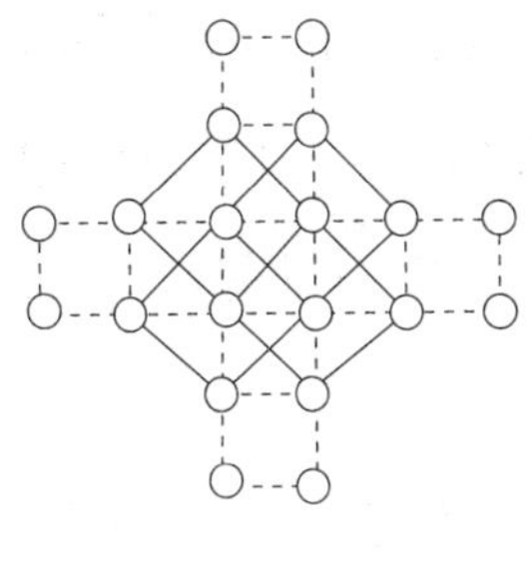

图 285

图 286

256.邮票相连　有邮票12张，相连成一矩形，如图287所示，为便于说明，在各邮票上都注一号码。现在要从这里面撕下相连的4张，像1、2、3、4或1、2、5、6或1、2、3、7等，问：有多少种不同的撕法？

257.打靶　一块圆板上有20个靶子，排列如图288。现在要用枪击中四下，而这四下击中的位置必须成一正方形。如图中顶上四个有黑点的靶子，恰巧排成一正方形；又其余四个黑点也可排成。问：照这样每击中四下而成一正方形，共有多少种击法？

1	2	3	4
5	6	7	8
9	10	11	12

图 287

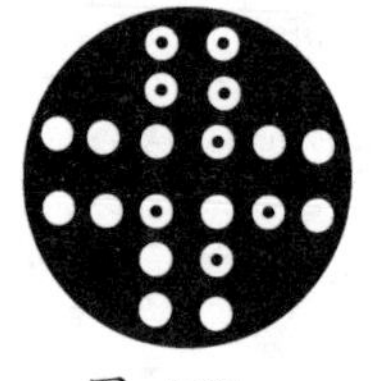

图 288

258.九童散学　有小学生九人，在每天放学时，常分成三人一组，分别排成横列，携手回家。现在要在每周除星期日外的六天中，放学时没有一个人和其他任何人有一次以上并肩而行，问：这九人在这六天内回家时是怎样分组，怎样排列的？

如果以A、B、C、D、E、F、G、H、I代九个小学生，星期一的分组法和排列法是

$$ABC,\ DEF,\ GHI,$$

那么以后A和B，B和C，D和E等都不能再并肩而行，但A和C是可以并肩的。

259.十六只羊　如图289，用16块圆纸片代表16只羊，25根火柴代25片篱笆，其中有16片篱笆排成方框，9片篱笆把方框里的16只羊隔离而成8只、3只、3只和2只的四群。现在要使16只羊和排成方框的16片篱笆不动，而移动中间的篱笆，重新把16只羊隔离成6只、6只和4只的三群。如果只准移动2片篱笆，当用何法？如果只准许移动3片、4片、5片、6片或7片篱笆，又当各用何法？

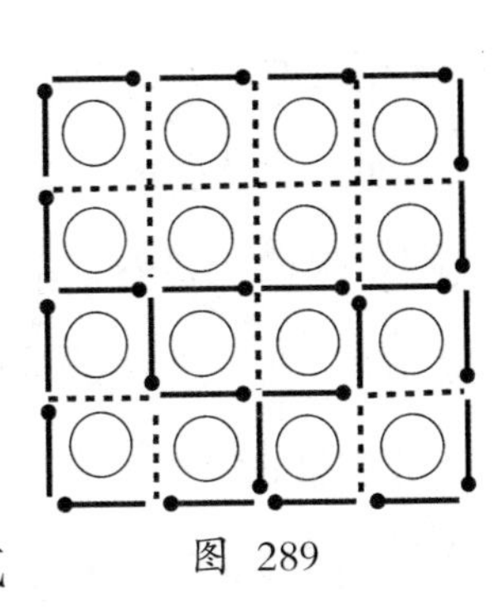
图 289

260.猫捕鼠　在图290中徘成一环的16张纸片代表16只老鼠，上面所写的数字是做特殊排列的。图中又画一猫，假定这猫要捕尽16只老鼠，捕的方法必须从任何一张纸片开始，依时针所走的方向，依次把纸片逐一地数过去。数开始一张纸片时呼1，依次数下去，继续呼2、3、4……当数到某纸片而所呼的数恰和纸片上写的数相同，就把这

图 290

纸片取去，表示已把这一只老鼠捕去。接着又从下一张纸片开始数下去，仍呼1、2、3……直到呼的数和纸片上写的数相同，又把这纸片取去，表示又捕得一鼠；但上次已取去的纸片，不能再算入。举一个例子：设从写18的纸片开始，依次数过去，呼1、2、3……呼到19，此时数到的纸片上所写的恰巧就是19，于是把这纸片取去。再从下一张纸片21数起，则第二次被捕的是10；取去10，再从下一纸片1数起，呼1时这纸片上写的就是1，故第三次被捕的是1。照这样虽然还可继续进行，但不能把21只老鼠完全捕尽，所以我们在未捕之前，必须先交换图中的两张纸片的位置。问：要先交换哪两张纸片，然后从哪一张纸片数起，才能把老鼠捕尽？

261.清洁卧室 兄、弟四人同住一室，每天早晨必须把卧室内的清洁工作做好，然后上学。他们规定每天由四人中的一人先擦窗，再由另一人擦桌，第三人洒水，最后一人扫地。因为这四种工作有繁有简，要想分派得很公平，必须做适当的轮值，使在若干天内各人所轮到的每一种工作，都得相同的次数。试问应如何分配？又经多少天后才能轮完？

262.网球双打 四男、四女进行网球双打的比赛，规定一男、一女和其他一男、一女相对敌，任何人都不能有两次和其他人同在一边或在两边对敌。他们一共有六场比赛，问：各场的阵容应该怎样分配？

263.玩纸牌 十二人同玩纸牌，分成三组，每组四人，四人中每两人为一边，连玩十一次，任何人都没有和其他人有两次相遇于一边，试问他们每次的分配情形各怎样？

264.雕刻骰子 在一个立方体的六个面上，分别刻从1到6六种不同点数的点子，制成一粒骰子。但所刻的点子，1点和6点必须在相对的两面，2点和5点，或3点和4点也是一样。问：共有多少种不同的刻法？

265.四面体染色 图291(*a*)所示的是一个正四面体，(*b*)是把它展开后的形状，虚线是折缝。现在要用太阳光里的七种颜色——红、橙、黄、绿、青、蓝、紫涂在这四面体的各面，单用一色或兼用二色、三色、四色都可以，但一面只能涂一色，也不能不涂。问：共有多少种不同的涂法？

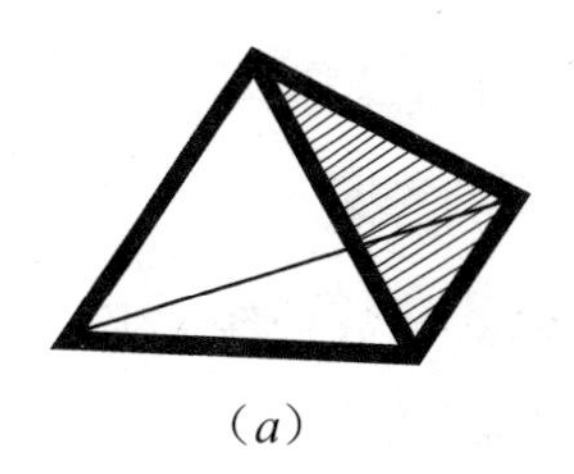
(*a*)

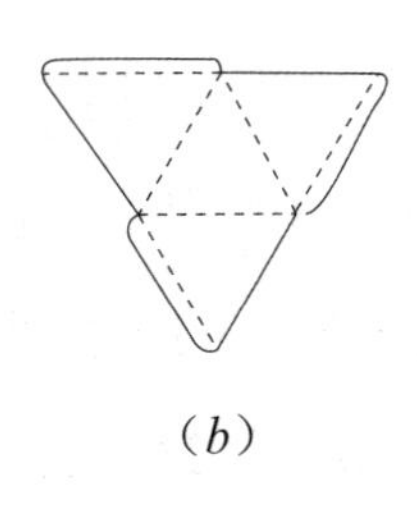
(*b*)

图 291

答　案

250.纸牌三角　题中所举的一种排列，可写成简式如下：

```
      2
    7   4
  3       9
8   6   1   5
```

各边上四种点数的和都是20。如果我们把它任一边中间的两数对调，可得三种新的排列，若又除去任意一边，而把其他两边中间的两数各对调，再得三种新的排列。又三边上每两个中间的数都对调，也是一种新排列。同原有的算在一起，共有8种排列方法。我们称题举的是一种基本列法，每有一基本列法，就有8种不同的答案。

基本列法的种数很多，每边的和数最少是17，共有2种；和数最大是23，也有2种，形式如下：

```
      1               1
    6   4           5   6
  8       9       9       7
2   5   7   3   2   4   8   3

      7               7
    3   1           2   3
  5       6       6       4
8   2   4   9   8   1   5   9
```

每边的和数是19的，有如下的4种：

```
      1                 1
    5   3             6   2
  9       8         8       9
4   2   6   7     4   3   5   7

      2                 2
    5   4             6   1
  9       6         8       9
3   1   8   7     3   4   5   7
```

每边的和数是20的有6种，除题举1种外，其余的5种如下：

```
          1                   2
        6   3               6   1
      8       7           7       9
    5   2   4   9       5   3   4   8

      3                 4                 4
    4   1             3   1             2   3
  8       9         8       9         9       7
5   2   6   7     5   2   7   6     5   1   8   6
```

每边的和数是21的，有如下的4种：

```
      3                 3
    5   1             4   2
  7       8         8       7
6   2   4   9     6   1   5   9

      3                 3
    5   1             2   4
  6       9         9       6
7   2   4   8     7   1   5   8
```

总结一下，共有基本列法2+2+4+6+4=18种。

既然每有一种基本列法，就有8种不同的答案，所以本题的答案共有8×18=144种。

251.牌成丁字 题中所举的一种排列，写成简式如下：

4 5 1 6 7
3
2
9
8

也可以称作是一种基本列法。除纵、横相交处的1外，横列中的四种点数的排列种数是$_4P_4=4!=24$；纵行中四数的排列种数也是一样。两者互相配合，可得24×24=576种不同的排列。但题中规定左右对调不做新排列算，应以2除；而纵行能移作横列，横列移作纵行，又需以2乘，所以排列的种数仍是576种。于是知道每有一基本列法，就有576种不同的答案。

那么究竟有多少基本列法呢？我们研究一下，知道纵、横相交处可以用1、3、5、7、9五种点数的牌。用1时，把其他的八张牌分成总点数相等的两组，有下列4法：

4、5、6、7和2、3、8、9

3、5、6、8和2、4、7、9

3、4、7、8和2、5、6、9

2、5、7、8和3、4、6、9

用3时，有如下的3种分组方法：

2、5、6、8和1、4、7、9

1、5、7、8和2、4、6、

2、4、7、8和1、5、6、9

用5时的分组法有下列4种：

2、3、7、8和1、4、6、9

1、4、7、8和2、3、6、9

2、4、6、8和1、3、7、9

3、4、6、7和1、2、8、9

用7时的分组法有下列3种：

1、4、6、8和2、3、5、9

2、3、6、8和1、4、5、9

2、4、5、8和1、3、6、9

用9时的分组法有下列4种：

3、4、5、6和1、2、7、8

2、4、5、7和1、3、6、8

1、4、6、7和2、3、5、8

2、3、6、7和1、4、5、8

于是知道共有基本列法4+3+4+3+4=18种。

既然每有一基本列法，就有576种不同的答案，所以本题的答案共有18×576=10368种。

252.牌成口字　十张牌的总点数是55，如果每边的点数是14，那么14的4倍是56，只比55多1，这是不可能的，原因是四角的牌都要纵、横各算一次，即使四角是1、2、3、4四张点数最少的牌，每边点数的4倍也该比十张牌的总点数多10。现在试令每边的点数是18，由18×4−55=17，可选定点数的和是17的四张牌，排在四角，得如图292所示的答案。

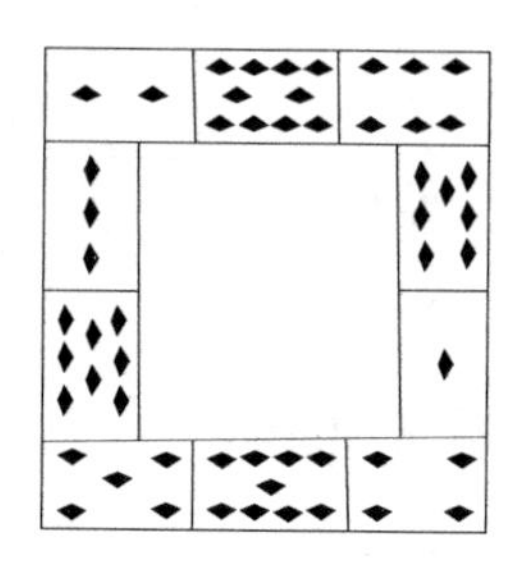

图 292

253.棋子游戏　答案见图293，其中每一小图下所注的数字，表示每边三格内棋子枚数的和。

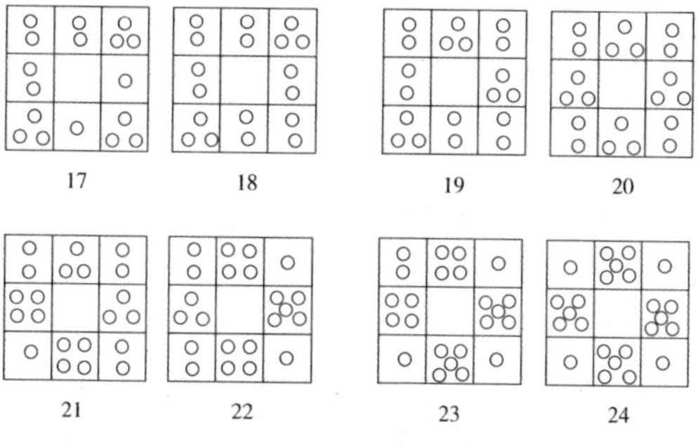

17　18　19　20

21　22　23　24

图 293

254.巧排棋子　答案见图294。

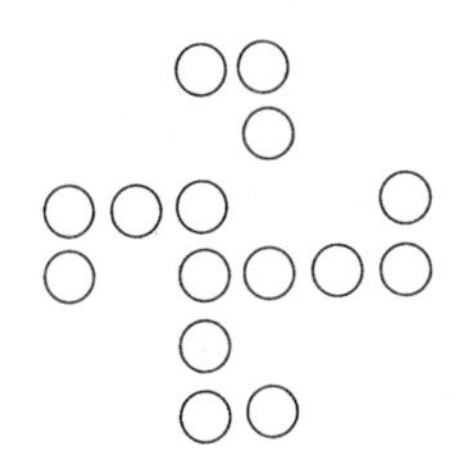

图 294

255.宿舍趣题 至少要32人才成，如图295所表示的，从左到右依次是从星期一到星期六各室中的人数分配情况。

1	2	1
2		2
1	22	1

1	3	1
1		1
3	19	3

1	4	1
1		1
4	16	4

1	5	1
2		2
4	13	4

2	6	2
1		1
7	6	7

4	4	4
4		4
4	4	4

图 295

256.邮票相连 撕法的种数可就下列五类分别计算：

（1）如1、2、3、4成长条的有3种。

（2）如1、2、5、6成方形的有6种。

（3）如1、2、3、7或1、5、9、10成L字形的有28种。

（4）如1、2、3、6或1、5、9、6成T字形的有14种。

（5）如1、2、6、7或1、5、6、10成└┐字形的有14种。

总计一下，共有3+6+28+14+14=65种不同的撕法。

257.打靶 用A、B、C……等字母分别表示这20个靶子，如图296，其中像$ABDC$、$CDHG$、$GHNM$等同大的正方形有9个；像*CHMF*等同大的正方形有4个；像*AEQI*等同大的正方形有4个；像*CLRI*等同大正方形的有2个；像*AKTJ*等同大的正方形有2个。共计有

9+4+4+2+2=21个

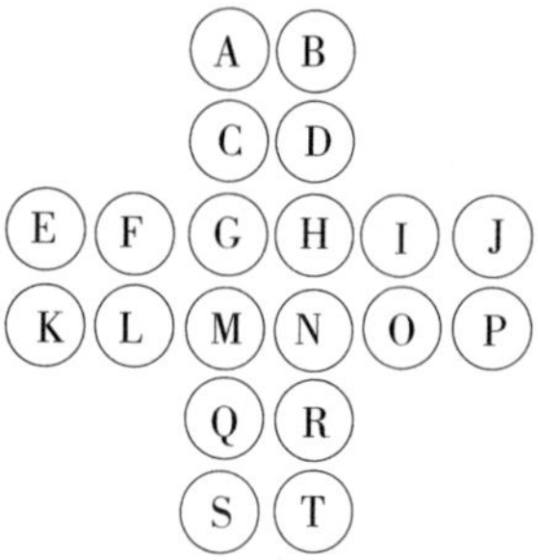

即有21种不同的击法。

图 296

258.九童散学 每天三组的排列顺序如下：

星期一*ABC*, *DEF*, *GHI*;

星期二*BFH*, *EIA*, *CGD*;

星期三*FAG*, *IDB*, *HCE*;

星期四*ADH*, *BEG*, *FIC*;

星期五*GBI*, *CFD*, *HAE*;

星期六*DCA*, *EHB*, *IGF*。

259.十六只羊 在图297中，依次从左到右的各图是移动2片、3片、4片、6片、6片和7片篱笆而成的。

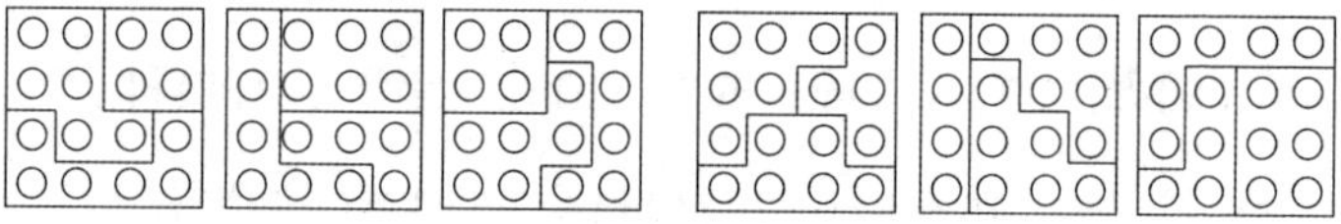

图 297

260.猫捕鼠 先交换6和13两张纸片，然后从14数起，可捕尽21只老鼠。各次所捕的顺序如下：

6, 8, 13, 2, 10, 1, 11, 4, 14, 3, 5, 7, 21, 12, 15, 20, 9, 16, 18, 17, 19。

又若交换10和14，从16数起；或交换6和8，从19数起，也都可以达到目的。

261.清洁卧室 设以A、B、C、D四个字母代兄弟四人，要使各人轮到的每一工作都有相同的次数，需经24天。如果把四个字母连写在一起，第一字母表示擦窗的人，第二字母表示擦桌的人，第三字母表示洒水的人，第四字母表示扫地的人，可把逐日的工作分配情形记录如下：

$A\ B\ C\ D$	$B\ C\ A\ D$	$C\ D\ A\ B$	$D\ A\ B\ C$
$A\ B\ D\ C$	$B\ C\ D\ A$	$C\ D\ B\ A$	$D\ A\ C\ B$
$A\ C\ B\ D$	$B\ D\ A\ C$	$C\ A\ B\ D$	$D\ B\ C\ A$
$A\ C\ D\ B$	$B\ D\ C\ A$	$C\ A\ D\ B$	$D\ B\ A\ C$
$A\ D\ B\ C$	$B\ A\ C\ D$	$C\ B\ A\ D$	$D\ C\ A\ B$
$A\ D\ C\ B$	$B\ A\ D\ D$	$C\ B\ D\ A$	$D\ C\ B\ A$

262.网球双打 如果用A、B、C、D代表四男，a、b、c、d代表四女，那么各场的阵容如下：

第一场 AC对Bd；第二场 Ca对Db；

第三场 Ad对Cb；第四场 Da对Bc；

第五场 Ab对Dc；第六场 Ba对Cd。

263.玩纸牌 设以A、B、C、D、E、F、G、H、I、J、K、L代表这十二个人，用记号AB—IL等表一组的四人，其中的前两字母表同在一边的两人，后两字母表同在另一边的两人，记各次的分配情形如下：

第一次 $AB—IL, EJ—GK, FH—CD$；

第二次 $AC—JB, FK—HL, GI—DE$；

第三次 $AD—KC, GL—IB, HJ—EF$；

第四次 $AE—LD, HB—JC, IK—FG$；

第五次 $AF—BE, IC—KD, JL-GH$；

第六次 $AG—CF, JD—LE, KB—HI$；

第七次 $AH—DG, KE—BF, IC—IJ$；

第八次 $AI—EH, LF—CG, BD—JK$；

第九次 $AJ—FI, BG—DH, CE—KL$；

第十次 $AK—GJ, CH—EI, DF—LB$；

第十一次 $AL—HK, DI—FJ, EG—BC$。

264.雕刻骰子　因为1点的可刻在六面中的任何一面，所以刻1点有6种位置。1点的既经刻定，2点的就只能刻在相邻四面中的任何一面（因对面规定要刻6点），故有4种位置。同理，刻好1点和2点后，3点的只有2种位置。至于6点、5点和4点所刻的位置，已被1点、2点和3点所限制，可以不必算得。于是知道共有不同的刻法$6\times4\times2=48$种。

265.四面体染色　如果在这七种颜色中取任何四种，如红（R）、黄（Y）、绿（G）、蓝（B），涂在四面体上，涂法只有两种，如图298的（1）和（2）。如果取任何三种颜色来涂，涂法有3种，如图298的（3）（4）和（5）。如果取任何两种颜色来涂，涂法也有3种，如图298的（6）（7）和（8）。如果单取一种颜色涂，当然只有1种涂法。又因从七种颜色中任取四种的组合是

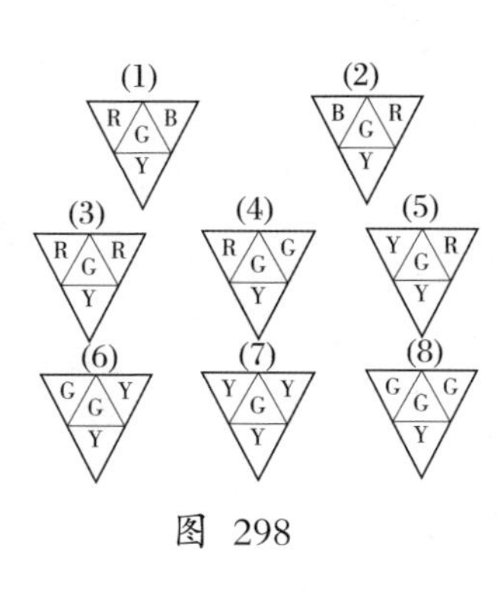

图 298

$${}_7C_4=\frac{7\times6\times5\times4}{4\times3\times2\times1}=35\text{种}$$

任取三种的组合是${}_7C_3=\dfrac{7\times6\times5}{3\times2\times1}=35$种；

任取两种的组合是${}_7C_2=\dfrac{7\times6}{2\times1}=21$种；

任取一种的组合是${}_7C_1=\dfrac{7}{1}=7$种。

所以各种不同的涂法的种数是

$$2\times35+3\times35+3\times21+1\times7=245\text{种。}$$

十六　小玩意儿

问　题

266.抢三十　中国民间流传的抢三十游戏，起源很久。这游戏的玩法很简单，只需由两个人轮流报数，从1起，每人每依次报一个数或连报两个数，谁能够报得30，谁就获胜。这游戏有一个秘诀，知道秘诀的人可以百战百胜，但若两人都知道这一个秘诀，那么先报的人一定失败，后报的人一定胜利。

把这一个游戏推广一下，无论抢多少数都可以，同样也都有秘诀。但在两人都知道秘诀时，不一定是后报的人胜利。譬如抢四十或五十，后报的人反要失败了。

究竟是什么秘诀，读者知道吗？

267.巧取棋子　甲、乙二人玩围棋游戏，一局既毕，甲数了15枚棋子，堆在一起，对乙说："我们来取这15枚棋子玩一个特别的游戏，你看好不好呢？”乙说：“好极了！不知道是怎样的玩法呢？”甲说：“我和你轮流从这一堆棋子里取出几粒，每次所取的粒数是1、是2或是3都可以，但不能超过3，直到取尽，看谁所取得的总数是奇数，谁就胜。”于是甲先取，乙后取，轮流取下去，结果甲获胜。乙有些不服，重试一次，甲仍旧获胜。这样连试了好几次，甲没有一次不胜利的。乙问他是什么道理，甲秘而不宣。甲究竟有什么秘诀，读者知道吗？

268.逐壁角的棋戏 用如图299的棋盘，上面有六十个圆圈，可以玩一种叫作逐壁角的特别棋戏。现在为便利说明，在各圆圈内附注数字，玩时是不必注明的，玩法是一人取白棋子一粒，放在6的位置，另一人取黑棋子一粒，放在55的位置，两人轮流把棋子依棋盘上的直线移动，各人每移动一次，虽可任意跳过几个圆圈，不一定要移到相邻的圆圈上；但不能和对方的棋子在同一直线上，也不能越过对方棋子所在的直线。照这样进行，直到一人的棋子被逼走到1、4、57或60的四个角上，另一人的棋子占据了6、11、49或55，那么前一人已无路可走，就算失败了。但要注意8和9间的一个三岔路口没有

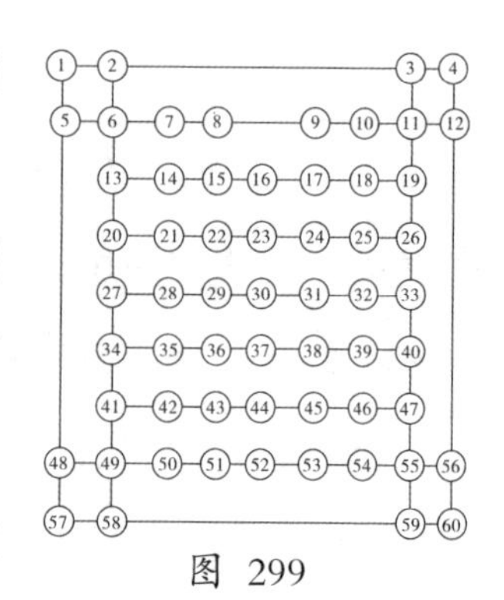

图 299

圆圈，这地方是不能放棋子的。

例如，黑子从55移到52，白子从6移到13；黑子从52到23，白子从13到15；黑子到26，白子到13；黑子到21，白子到2；黑子到7，白子如果到1，立即失败，所以只能到3；黑子到6，白子除到4外，无别路可走，于是黑子到11，白子就失败了。

玩这种游戏时，要想获得胜利，是否有什么秘诀？读者不妨研究一下。

269.雪茄难题 这里介绍一种从前盛行过的游戏。我们取一张正方形的纸，再拿许多雪茄烟（一端平而另一端尖的），这雪茄烟必须要有足够多，要铺满这正方形纸。玩时由两个人轮流把雪茄放到正方纸上，每人每次只能放一支，所放的位置可以随便，只是不能超出纸边，也不能和已放好的雪茄烟接触。这样一直放下去，直到没有空位置可以再放为止，这放下最后一支雪茄的人就获得胜利。

读者试找出一个玩这种游戏的方法，使放下第一支雪茄的人能稳稳得胜。

270.掷骰游戏 这是两个人玩的游戏，先每人选定两个不同的奇数（从3到17），再轮流掷三次骰子。如果一人所掷得的点数，其和恰等于他所选的两奇数之一，而另一人所掷的不合这一条件，则前一人优胜，否则不分胜负。问：要选怎样的两个奇数，获得胜利的机会最多，怎样的两个奇数机会最少？又要使两人获胜的机会均等，应该各选哪一对奇数？

271.接木奇术　某木工用两木块，镶嵌成一立方体，四面都用“鸠尾榫”密切接合，形状如图300所示（图中有榫可见的仅有两面，另外看不见的两面和这两面相对，形状完全一样）。其他人来看了都不明白这是用什么方法嵌合的，读者能够知道其中的奥妙吗？

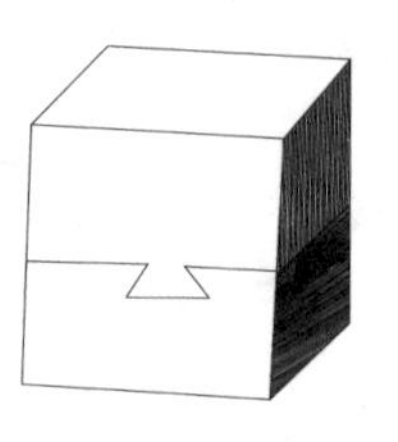

图 300

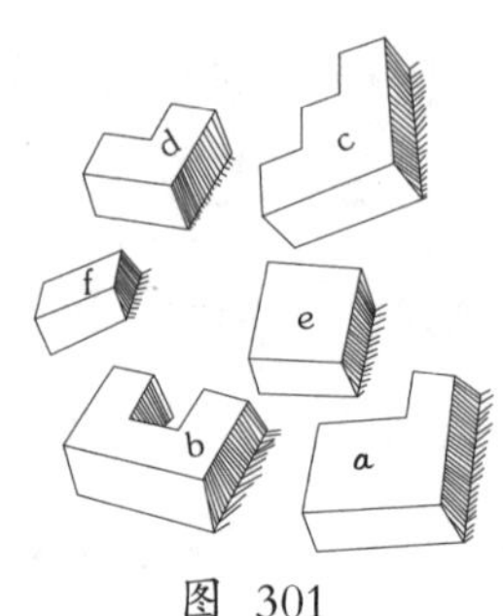

图 301

272.组成立方　有木六块，如图301的a、b、c、d、e、f，能不能把它们拼合起来，组成一个立方体呢？

273.巧组骰子　在图302里，画着9根正方柱状的木条，它们各有两个正方形的面和四个矩形的面，矩形的长是宽的3倍。在这些木条的面上，如图画了一些黑圆点。现在要把它们组成一个立方体，使各面上所有的黑圆点恰和骰子上的一样，试问应该如何组合？

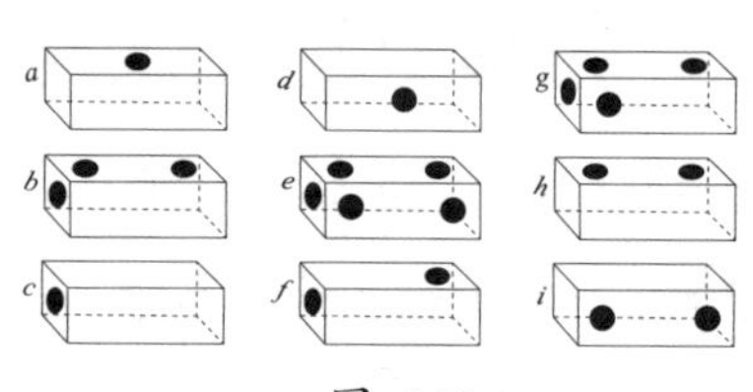

图 302

274.装配飞机 中国有一种老玩意，名叫“六子联芳”，是用六根正方柱状而中间做成缺刻的竹片，每两根作一组，交叉镶嵌，使三组两两互相垂直的一种玩具。因为镶嵌后恰巧能把所有的缺刻交互嵌满，所以非常巧妙。现在把它

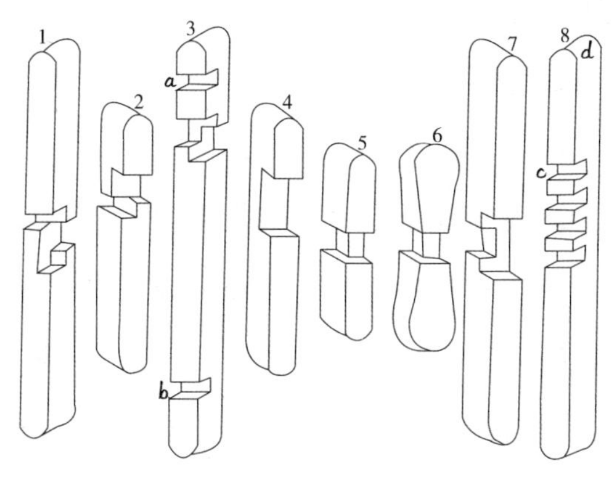

图 303

改良一下，用八根长短不一的竹片，装配成一架飞机。这八根竹片的形状如图303，其中两两等长的六根，都成正方柱状，最长的两根3和8是飞机的机身，较短的两根1和7是机翼，更短的两根2和4是起落架。另外还有两根最短的，5仍成正方柱状，是飞机的尾翼；6的中部虽也成正方柱，但向两端逐渐扁阔，且成拗捩状，是飞机的螺旋桨。各根竹片上所有缺刻的位置和长短都一定，如果它们的横截面都是每边2分的正方形，那么所有的缺刻都深1分，宽1分或2分，长1分、2分、3分或4分，照图中的比例雕刻就成。读者不妨依图

制作，试一试能不能装配成飞机的形状。但8的c下三个缺刻表示飞机上的窗孔，不要用别的竹片嵌入。

275.脱环妙法　在中国用铅丝做的小玩意很多，但除九连环的构造和玩法最为复杂外，其余都很简单。现在来介绍一种比较新颖的玩意，它是用四根铅丝制成的，如图304所示。其中有两根铅丝形成没有抽紧的结，中间用一根直铅丝做横杆，把它们撑住。另有一根铅丝弯成一个卵圆形的环，套在横杆上，玩的目的是要把这一个环从横杆上脱下来。这一个玩意是很神奇的，如果没有诀窍，也许玩上半天也脱不下；但是一旦知道了诀窍，只要两三秒钟就可以达到目的。读者知道脱环的方法吗？

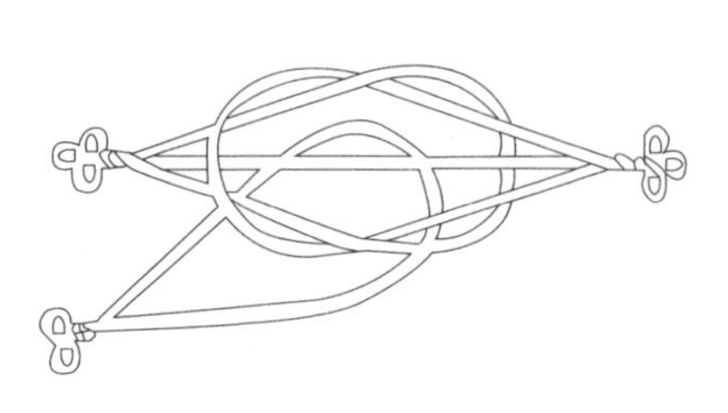

图 304

276.巧耍双钩　取一根粗铅丝（12号的或10号的），约五寸多长，用钳子把它弯成如图305（a）的形状。在这里面有a、b两处的铅丝是成十字交叉的，每一交叉处的两根铅丝不能靠紧，必须留出约为铅丝直径$\frac{3}{4}$的空隙。再在图中c处虚线所示的地方凿断，就成一副双钩。因为每一只钩子上的交叉处所留的空隙都比铅丝的直径小，所以任何一只钩子上的铅丝要在这空隙内通过，使其和另一只钩子连成图305

（*b*）的形状，好像是不可能的。其实，我们只要略微思考一下，发现其中的诀窍，在一秒钟内就能把它们连起来。反之，要想把它们重新解开，也只要一秒钟就成。那么这里面的诀窍是什么呢？

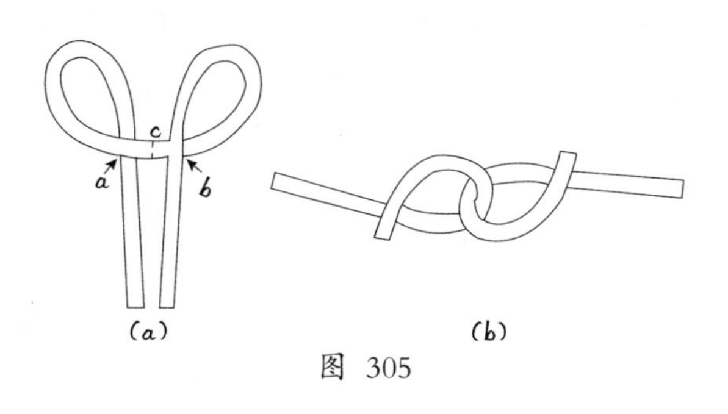

图 305

答 案

266.抢三十　要想抢到30，必先抢到27。因为我报27后，无论他单报28一数，或连报28、29两数，那30一定会被我抢到了。依此类推，要想抢到27，必先抢到24；要想抢到24，必先抢到21……总而言之，必须抢得3的倍数。有了这个秘诀，在开始时应尽先抢到3、6或9，以后他报一数则我连报两数，他报两数则我单报一数，这样一来，所有3的倍数就都在我的掌握中了。如果两人都知道秘诀，那么无论第一人单报1或连报1、2，第二人总可以抢到3，胜负就立刻分出。

在抢40时，仿上述的理，知道必先抢到37、34、31、88……因为这些数都比3的倍数多1，所以在开始时必先抢到1或4或7。同样，因为50比3的倍数多2，所以抢50必先抢到2或5或8。在这两种情形中，如果两人都知道秘诀，那么一定是先报数的人获胜。

总起来说，有了秘诀，在所抢的数是3的倍数时，后报的人必胜；不是3的倍数时，先报的人必胜。

267.巧取棋子　甲的秘诀是先取棋子两枚，以后每次所取的数，（1）如果和已取的能合成奇数，那么取剩的一定是1、8或9；（2）如果和已取的能合成偶数，那么取剩的一定是4或5。在上述的（1）和（2）中，每次必有一种可能。甲如果能依照这样的规则，就可以百战百胜。

举一个例子，甲第一次取棋子两枚，接着乙也取棋子两枚。甲看到所余的是11枚，如果取1枚和已取的合成奇数3，那么取剩的就是10，和规则（1）不符；如果取两枚和已取的合成偶数4，那么所剩的就是9，和规则（2）也不符，所以甲第二次必须取3枚，和已取的合成奇数5，而取剩的是8，合于规则（1）。又设乙第二次取1枚，那么甲第三次取1枚不合规则（2），取两枚不合规则（1），所以必须取3枚，恰和规则（2）相符。到这时，取剩的是4枚，无论乙第三次取1枚或3枚，甲都可取尽而得奇数；但若乙取两枚，则甲取1枚，使符合规则（1），剩下的1枚乙不能不取，结果甲取的数仍是奇数，所以终能获胜。

268.逐壁角的棋戏 无论黑、白二棋哪一个先动，结果总是黑子获胜。如果黑子先动，白子最多在第十次移动时就能被逐入壁角；如果白子先动，最多在第十三次移动时就能被逐入壁角。移法的秘诀是这样：黑子的每一次移动，必须要和白子恰巧在正方形的对角位置，例如，白子如果到7，黑子就到47；白子如果到27，黑子就到52。又在黑子先动时，第一步必到33，目的是要阻止白子占到它的正方形对角位置。下面举两个例子：

黑子先动的：黑33，白8，黑32，白15，黑31，白22，黑30，白21，黑29，白14，黑22，白7，黑15，白6，黑14，白2，黑7，白3，黑6，白4，黑11。

白子先动的：白13，黑54，白20，黑53，白27，黑52，白34；黑51，白41，黑50，白34，黑42，白27，黑35，白20，黑28，白13，黑21，白6，黑14，白2，黑7，白3，黑6，白4，黑11。

269.雪茄难题 要使放下第一支雪茄的人稳得胜利，他的这支雪茄必须把平的一端向下，直立着放在纸的正中心。

以后每次在另一人放下雪茄后，他把自己的雪茄放到另一人所放的雪茄的对称位置。这样一来，他就可以百战百胜了。如图306的（a），第一人把一支放在中心后，如果第二人放在A，那么第一人就放在AA；第二人放在B，第一人就放在BB，依此类推。

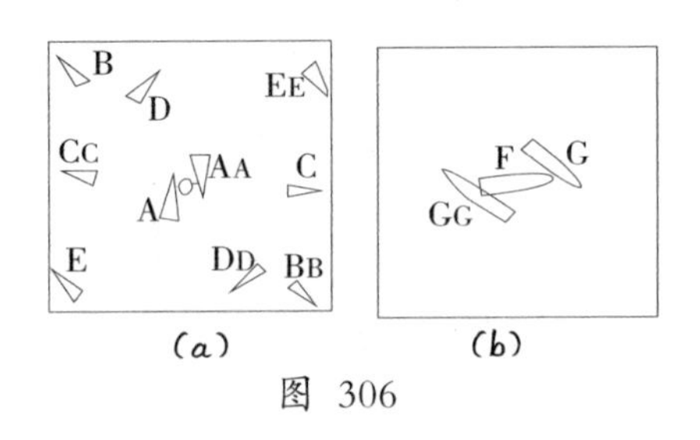

图 306

这方法的理由很简单，因为在正方形中除中心的一点外，其余的点都有一个关于这中心的对称点，所以只要第二人有空位置，就可以放他的雪茄，第一人跟着一定也有空位置（即第二人所放的对称地位）放他的雪茄。至于第一支雪茄应该直立着的理由，是为了使雪茄两端的形状不同。如图306的（b），如果第一人把雪茄横放在F，虽然也在中心，但若第二人放雪茄在G，和F的尖端旁侧靠得极近，那么第一人要放到他的对称位置GG时，就不可避免和F的平端接触。这时他如果另换一个地点去放，第二人立即可以放到他的对称位置。这样一来，恰巧和前面相反，变成第一人无目的地乱放，第二人反可跟随第一人放，因此转败为胜了。

这游戏如果用棋子或火柴匣等来代替雪茄也可以，但因这些东西没有不同的两端，所以放第一个时只需选在中心，而无需直立。

270.掷骰游戏 三颗骰子掷出来的点数，有216种不同的变化。这216就是在6种点子（每颗骰子有从1到6的6种点子）里取出3种来，做不同顺序而可重复的排列种数，即

$$P=6^3=216$$

在这216种不同的变化中，三颗点子的和是3的只有1种（即三颗都是1点），和是5的有6种（即1, 1, 3; 1, 3, 1; 3, 1, 1; 1, 2, 2; 2, 1, 2; 2, 2, 1），和是7的有15种（即1, 1, 5; 1, 5, 1; 5, 1, 1; 1, 2, 4; 1, 4, 2; 2, 1, 4; 2, 4, 1; 4, 1, 2; 4, 2, 1; 1, 3, 3; 3, 1, 3; 3, 3, 1; 2, 2, 3; 2, 3, 2; 3, 2, 2），和是9的有25种，和是11的有27种，和是13的有21种，和是15的有10种，和是17的有3种，一共是108种，恰占216种的一半，其余一半的和数都是偶数。在这顺次的八种种数1, 6, 15, 25, 27, 21, 10, 3中，25和27两个数的和最大，故知选9和11两个奇数时，获胜的机会最多。同理，因1, 3的和最小，故选3和17两个奇数时，获胜的机会最少。又因在这八数中有6, 25, 21, 10四个数，两两的和相等，即6+25=21+10，所以如果一人所选的两个奇数是5和9，另一人的是13和15，那么两人获胜的机会恰巧均等。

271.接木奇术　这位木工的接榫方法，外表看来好像很奇妙，其实是很简单的。从图307可见，四面的四个榫每相邻两个相通，凹凸的纹都和底面正方形的对角线平行。我们只要先把榫的一端接好，再依对角线的方向平推，就可以互相密合了。

272.组成立方　先取*a*、*c*、*e*、*f*四块，照图308所示的拼合，再把*d*嵌在*a*和*f*之间，最后又把*b*嵌入，使它包围在*c*的突出部的三面，就能成为一个立方体。

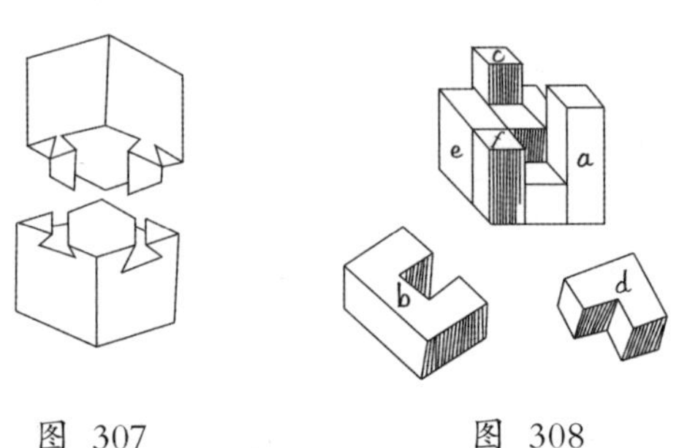

图 307　　图 308

273.巧组骰子　照图309所示的形状拼合，除可见的三面外，下面是5点，左后面是3点，右后面是1点。

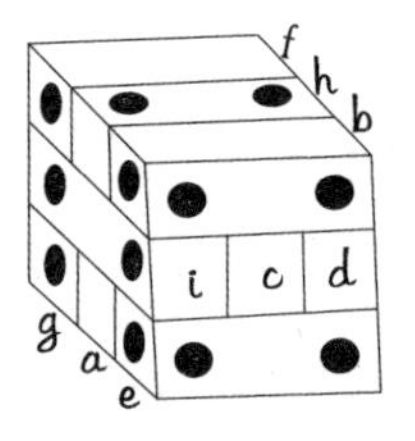

图 309

274.装配飞机　先取1、2、3三根竹片，互相嵌合，使其中的任何两根都互相交叉成直角，位置如图310所示。接着取竹片4嵌进去，使其和2并立。再在3的尾端*b*处嵌入5，首端*a*处嵌入6。又以7嵌在8的缺刻c里，使两者成十字形，最后把这十字形的一端d自后向前从2、4间的孔隙插入即可。

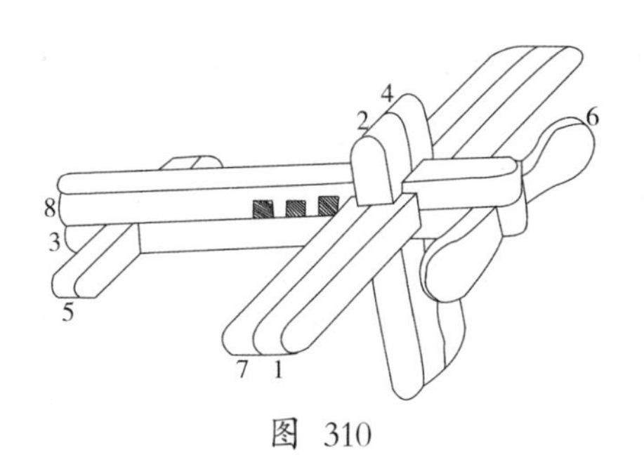

图 310

275.脱环妙法 先把卵圆形的环推向右方，放在如图311所示的位置。它的圆形的一端用a表示，另外在形成未抽紧的结的两根铅丝上，一根的尖端用b表示，另一根的环用c表示。我们只要把a自上而下套到尖端b上，从b的下面退向左方，再从c环内穿到下面，又推向右方，自下而上套到尖端b上，然后向左拉过去，就可以脱下来了。

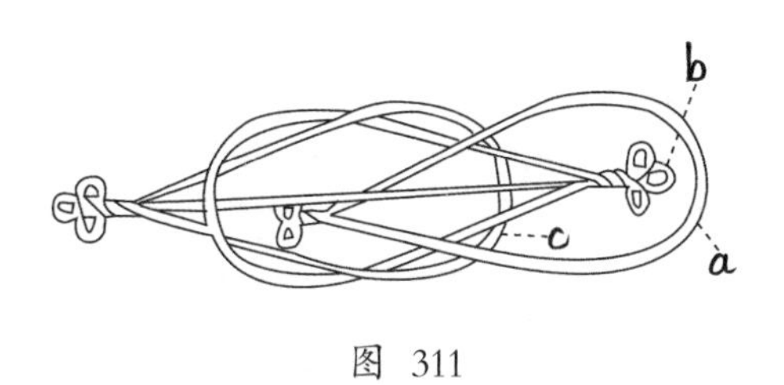

图 311

如果第二次再玩，必须把卵圆形的环重新穿进去，步骤和上述的相反，此处不必多讲了。

276.巧耍双钩 把双钩的两个空隙对合在一起，慢慢地旋转过去，如图312的（a）。直到移成（b）的形式时，只需使各钩的端都从另一钩内穿过，成（c）的样子，就连起来了。如果要重新解开，只需照上面的步骤反过来做即可。

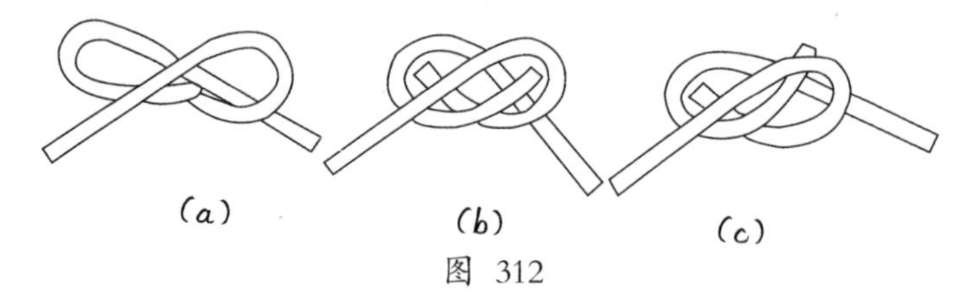

图 312

十七　猜猜看

问　题

277.骰子谜　甲对乙说："你把三颗骰子掷在桌上，看一看向上各面的点数，以2乘第一颗的点数，加5后再乘5，再加上第二颗的点数，乘10，最后加第三颗的点数，把所得的结果告诉我，我可以猜到这三颗骰子上的点数。"乙说："我已经把骰子掷过了，照你所说的算出来，所得的结果是386。"甲说："这三颗骰子的点数一定是1、3、6。"乙一看果然不错，试问甲是怎样猜到的？

278.完璧归赵　甲、乙、丙、丁、戊、己六个朋友到风景区游览，在休息时有人建议玩游戏，大家都很赞成。首先由甲提出一个名叫"完璧妇赵"的数学游戏，他拿了一张纸片递给乙，请他任意写一个三位数。乙写好后，甲请他交给旁边的丙，叫丙在这原来的三位数后面接连写一个同样的三位数，成为一个六位数。丙做好后，甲又请他交给旁边的丁，并且对丁说："请你用7去除这六位数，除尽以后，把商抄在另一纸片上，再交给戊。"这时大家都觉得很奇怪，因为甲根本不知道这是什么数，怎样能断定可以用7除尽呢？可是巧得很，丁果然把它除尽了。戊接到了那张抄着商的纸片，甲就请他再用11除一下，除尽后又把商抄给己。这时大家更觉诧异了，认为不会有这样的巧事，但是戊又把它除尽，把商抄给了己。甲对己说："现在还有最后一步，请你用13去除这个商，一定又可以除尽。算好后请把答案抄给我。"在大家将信将疑的时候，己把答案算了出来，抄在纸上递给甲。甲就转交给乙，对乙说："现在算是完璧归赵了，你看吧，这不就是你原先所写的数目吗？"乙拿来一看，十分惊奇，高喊道："真是妙极了！这的确是我原先写的那个数目呀！"于是大家都鼓起掌来。

甲玩的这一套把戏究竟是什么道理，你能够把它解释一番吗？

279.还原捷法 甲、乙两人做猜数的游戏。甲对乙说："你在纸上写一个无论几位的数，用89乘它，再把这积数的末位去掉，在上一位加这末位数的9倍；又把所得的数的末位去掉，在上一位加这末位数的9倍。照此进行，直到成为89而止。你把各次去掉的末位数自下而上依次告诉我，我就可以猜得原数。”乙听后照做，先写一个数327，用89乘得29103，再列算式：

$$
\begin{array}{r|l}
2910 & 3 \\
+\quad 27 & \\
\hline
293 & 7 \\
+\quad 63 & \\
\hline
35 & 6 \\
+54 & \\
\hline
89 &
\end{array}
$$

于是对甲说：“我照你的话算过，加到第三次已得89，各次去掉的末位数自下而上依次是6、7和3，请问原数是多少？”甲说：“原数一定是327。”乙一听果然不错，但还是有些怀疑，他重新写了一个数43567，用89乘得3877463，如法炮制，写成算式：

$$
\begin{array}{r|l}
387746 & 3 \\
+\qquad 27 & \\
\hline
38777 & 3 \\
+\qquad 27 & \\
\hline
3880 & 4 \\
+\qquad 36 & \\
\hline
391 & 6 \\
+\quad 54 & \\
\hline
44 & 5 \\
+45 & \\
\hline
89 &
\end{array}
$$

再自下而上报出各次去掉的末位数来，甲又立刻猜到了原数是43567。甲怎样会一猜就对？读者知道其中的奥妙吗？

280.智猜奇偶 甲在两手都握了几粒瓜子，一手是奇数，另一手是偶数，对乙说："你能够猜得出我的两手所握的瓜子数，哪一手是奇数，哪一手是偶数吗？"乙说："请你用2乘右手的数，再用3乘左手的数，把所得的两数加起来，告诉我最后的结果，我就可以猜到了。"甲说："我已经算出来了，结果是35。"乙立刻回答说："你左手里的数是奇数。"甲展开两手，一看果然不错。试问乙是用什么方法猜到的？

281.猜数游戏 甲对乙说："你随便想一个数，依我的话计算一下，我就能够猜到它。"乙说："我已经想好了，要怎样计算呢？"甲说："先用它乘2，再加上4，又乘3，再除以6，最后减去你所想的数。"乙照甲的话计算好以后，甲就说："你算得的结果是2，对不对？"乙说："很对，但你是用什么方法算出来的呢？"

282.猜数游戏 甲对乙说："你随便想一个数，再加1，把这两数相乘，所得的再相减，告诉我这一个差，我就可以猜到你原先所想的数。"乙算了一下，说道："差是25。"甲说："你所想的数是12。"问：甲是怎么猜到的？

283.十数连排 用十一块厚纸片，每一块的两面都写一个两位数，反面的数恰和正面的位次颠倒，形式如下：

正面 12 15 23 24 25 26 27 35 45 65 75

反面 21 51 32 42 52 62 72 53 54 56 57

你如果在这十一块纸片里任意取出一块，把其余的十块首尾衔接，即1与1相连，2与2相连……不论用正面或反面，排成一横行，把左端一位数字和右端一位数字告诉我，我可以猜到这十块纸片上的十个两位数之和。

例如，你取出的一块，两面有数65和56，把其余十块纸片排成如下的一横行：

53 32 21 15 54 42 25 57 72 26

不要给我看见，只告诉我左端一位数字是5，右端一位数字是6，我立刻就能猜到这十数的和是397。

如果仍用这十块纸片，排成了

62 27 75 52 24 45 51 12 23 35

告诉我左端一位数字是6，右端一位数字是5，我也能猜到这十数的和是406。你知道我是怎样猜到的吗？

284.隔墙妙算 甲、乙两人是邻居，一天晚上，正事完毕，商议玩一猜数游戏。甲隔墙对乙说："你那里不是有一副围棋吗？请你取一些放在桌子上，但是数目必须在100枚以内。你先3枚一取，3枚一取，这样一直取下去，直到不够3粒时，把剩下的数告诉我。第二次又每5枚一取，第三次每7枚一取，把剩下的数也分别告诉我，我可以猜到原数。这是中国古代就流传的一种算法，叫做"隔墙算"或"韩信点兵"，最初载在一本名叫《孙子算经》的书里，后来宋朝的秦九韶把它推广，发明一种算法，叫做“大衍求一术”，流传到西洋以后，西人称它是“中国剩余定理”，在历法的计算上是很有用途的。”乙照着甲说的做好后，说道：“每3枚一取剩1枚，每5枚一取剩3枚，每7枚一取剩2枚，你猜原有几枚？甲略一思索，就回答说：“58枚。”乙追问是怎样的猜法，甲说：“现在时候不早，你有空先自己想一想，到明天晚上再告诉你吧。”

答　案

277.骰子谜　只需从386减去250，得136，这差数的百位数字就是第一颗骰子的点数；十位数字是第二颗的点数；个位数字是第三颗的点数。理由如下：

设第一颗的点数是a，第二颗是b，第三颗是c，那么根据题中所说的算法，算得的结果是

$$[(2a+5)\times 5+b]\times 10+c=(10a+25+b)\times 10+c$$

$$=100a+10b+c+250$$

所以从这结果减去一个定数250，就能知道这三种点数。

278.完璧归赵　这个游戏看似玄妙，其实很简单。譬如一个三位数是473，在它的后面接着写一个同样的三位数，成为一个六位数473473，因为原来的473已经升高了三位，就是增大为原来的1000倍，所以这一个六位数实际是473的1001倍。用算式来说明，可以更明白一些，即

$$473473=473000+473=473\times1000+473\times1$$
$$=473\times(1000+1)=473\times1001$$

又因1001可分解成7、11和13三个因数，即

$1001=7\times11\times13$

所以接连用473473除以7、11和13，实际和用1001去除完全一样，所得的结果还是473。

279.还原捷法　就第一个例子来说，因为去掉末位的3，加上末位的9倍27，实际是减去3，再加270，所以和加上270–3=267一样。又因270–3=(90–1)×3=89×3，所以267是89的3倍。依此类推，知道乙所列的算式实际就是

```
  29103
+   267    ·········89 × 3
-------
  29370
+  6230    ·········89 × 70
-------
  35600
+ 53400    ·········89 × 600
-------
  89000    ·········89 × 1000
```

故知　　　$29103=89000-53400-6230-267$

$=89\times1000-89\times600-89\times70-89\times3$

$=89\times(1000-600-70-3)=89\times(1000-673)=89\times327$

从这一个式子就可以推出本题的猜数方法。因为在最后化得的89×327中，乘数327就是原数，它是从1000−673化得的，这里的673，不正是各次去掉的末位数吗？照这样看来，猜法是很容易的，只要把末位数依次连写出来，如果是三位的，就用1000减去；如果是四位的就用10000减去，依此类推，减得的就是原数。像第二个例子，报告的末位数顺次是5、6、4、3、3，从100000−56433=43567不是很快就能猜到原数吗？

280.智猜奇偶　猜法是这样：如果右手是奇数，左手是偶数，那么用2乘右手的数，所得的是偶数；用3乘左手的数，仍得偶数，最后相加一定是偶数。现在加得的35是奇数，可见右手应该是偶数，左手应该是奇数，因为右手的数乘2仍是偶数，左手的数乘3仍是奇数，这样把两数加起来，才能成为奇数35。

281.猜数游戏　设乙所想的数是x，那么照甲的话计算所得的结果应是

$$(2x+4)\times3\div6-x=2$$

所以甲已经预先知道这一结果了。

282.猜数游戏 设原数为x，则乙报告的差数25应等于

$$(x+1)^2-x^2=2x+1$$

既然知道$2x+1$就是25，就可以还原而知

$$x=(25-1)\div 2=12$$

283.十数连排 我们如果把这十一块纸片完全排起来，那么两端的两个数字恰巧相同。现在取出一块，两端的数字就不同。利用这不同的两数字，就可推知取出的一块纸片上的数。

在前一排法，左端是5，右端是6，若把65排在左端或右端，则两端的数字必同为6或同为5，故知取出的一块纸片上的数是65。又因这十一块纸片无论如何连排，上面的十一个数的和常为462，现在拿出一个65，故所余十数的和一定是

$$462-65=397$$

在后一排法，左端是6，右端是5，仿上述的理，可推知取出的纸片上的数是56，所余十数的和是

$$462-56=406$$

284.隔墙妙算 甲预先想好三个数：第一个是5和7的公倍数，除3余1的，这数是70；第二个是3和7的公倍数，除5余1的，这数是21；第三个是3和5的公倍数，除7余1的，这数是15。根据乙所报告的三次余数，分别和想好的三个数相

乘，再加起来，得

$$70\times1+21\times3+15\times2=163$$

因为这数超过100，所以要减去3，5，7的最小公倍数105，得

$$163-105=58$$

十八　趣味的杂题

问　题

285.星期的推算　我们如果知道这一天是公元几年几月几日，就可以推算它是星期几。这里把推算的方法介绍一下：

设已知的公元年数是y，从这一年的1月1日到这一天共有的日数（连这一天也在内）是d，那么可先用公式

$$S=y-1+\frac{y-1}{4}-\frac{y-1}{100}+\frac{y-1}{400}+d$$

算得S的值，但其中的三个分式，仅用除法求其整商，而略去余数。再用S除7，由所得的余数可推定这一天是星期几。如果余数是0，这一天一定是星期日；余数是1，这一天是星期一；余数是2则为星期二；余数是3的则为星期三，依次类推。

举一个例子：假使这一天是1952年10月1日，那么

$y-1=1951$, $d=275$, $\frac{y-1}{4}=487$（略去余数，以下同），$\frac{y-1}{100}=19$，$\frac{y-1}{400}=4$，故得

$$S=1951+487-19+4+275=2698$$

以用S除7，得余数3，于是知1952年10月1日是星期三。

这算法的原理什么，读者能够把它解释一下吗？

286.奇数方格　有一张奇数方格纸，把中心的一格割去，如图313（a）所示。现在要沿方格线把它分成大小和形状完全相同的两块，问：分法有多少种？［如图313（b）和（c）的两种分法，一种可由另一种翻转而成，不作为两种计算。］

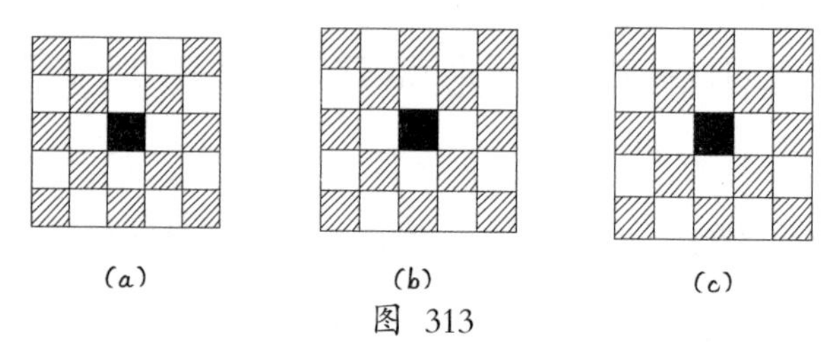

图 313

287.间色方格　有两色相间的方格纸一张，共计有36格。现在要沿方格线把它分成大小和形状完全相同的两块，除作正中的一条纵线或横线外，还有其他种种分法。但规定切口的开始应是图314（a）和（b）中的1，2，3三点中的任意一点，又必须依（a）和（b）中所示的任何一条粗线分割。问：共有多少种分法？

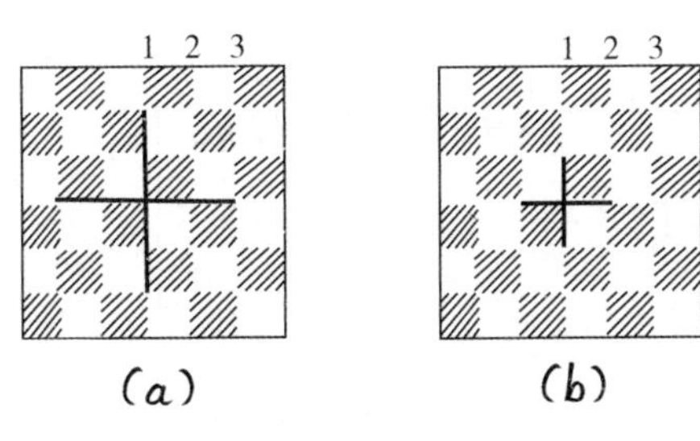

图 314

288.四只狮子 如图315，把正方纸分成16个小方格，用泥制的四只狮子照图放在四个方格里，其中每纵行和横列都有一只狮子。问：要符合这一条件，另外还有几种不同的放法？（转过一个方向的不算一种新的放法）

289.巧穿珠花 有珠花一朵，共有珍珠46颗，穿成8个三角形，每一三角形的周围各有8颗珍珠。后来因为在别处要用珍珠4颗，一时没有合用的珍珠，就在这珠花上取下4颗，把其余的重穿一下，结果仍旧穿成8个三角形，而每一三角形的周围仍有8颗珍珠，如图316所示。问：原来的珠花是什么样式的？

图 315

图 316

290.银链难题 有银链9条，如图317所示。现在要把这9条银链连接成一循环的链，已知凿开一圈需1角钱，焊接一圈需2角钱，但买这种同样的循环链需要2.4元。问：把它连接起来和另行购买，哪一种更划算？

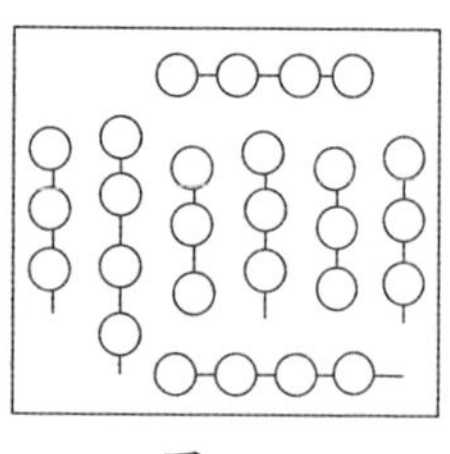

图 317

291.登楼妙算 某处花园里有一座小楼，藏有许多古物，但是如果要去参观，必须遵照一个特别的规定。规定是这样的：在这座楼的下面，有一九阶的楼梯，从平地上去是第一阶，第九阶就是楼板。登楼的人必须到达楼板两次，退回平地一次，各阶都走过两次，但每步只许升一阶或退一阶。如果登楼时符合这一个规定，就可以入室参观古物。试问应该怎样走，才能符合规定条件？

292.星座问题 如图318的正方纸上，画了一个星座，问：在这纸上能不能另画一颗较大的星，和原有的各星相似？（另画的星形的各条线都不能和原有的星相交）

图 318

293.巧叠纸币 某人把纸币1000张分成十叠，在取用时无论从1张到1000张取多少张，都和选取其中的若干叠并在一起即可，不必把任何一叠拿出来点数。试问这十叠纸币各有几张?

294.电车难题 某人在马路上沿着电车轨道匀速步行。这条路上来往的电车,速度完全一样,且从起点每隔一定的时间开出一辆。这人在步行时发现每隔18分钟必有一同向而行的电车从他身旁开过,每隔6分钟必有一迎面而来的电车从他身旁开过。那么这些电车每隔几分钟从起点开出一辆呢?这人和电车的速度的比是多少呢?

答 案

285.星期的推算 因为平年有365天,除以7,得整商52,余1,即每年有52个整周,尚余1天,又从公元1年1月1日到公元y年某月某日(以下简称“今天”),其中经过了$y-1$个整年,所以这$y-1$整年里除去一部分整周外,尚余$y-1$天。但是照这样说法是把各年都作平年算的,在事实上每隔4年有一闰年,要加1天,所以要以4除$y-1$,得到的整商就是$y-1$年里所有的闰年数,也就是所多的天数。把这数并入前数后,又因公元年数能以100整除的,当闰而不闰,故又必须减少一些天数,这减少的天数就是$\frac{y-1}{100}$的整商。又因公元年数能整除400，不当闰而又闰，故又需加上一些天数，这加上的天数就是$\frac{y-1}{400}$的整商。到这里，已经算出了从公元1年1月1日到y–1年12月31日的一段时期（即y–1个整年）里，除去一部分整周外所余的天数，只需再把从公元y年1月1日到今天所有的天数d加上去，所得的S就是从公元1年1月1日到今天，除一部分整周外所余的天数。最后用S除7，所得的余数当然是从公元1年1月1日到今天，除去全部整周外所余的天数。因为公元1年1月1日是星期一，所以上面算得的余数是1的，今天一定是星期一；余数是2的今天是星期二，其余类推。

286.奇数方格　分法共有15种，现在依图319所注的数字分别记录如下：

(1) 1、4、8　　(2) 1、4、5、9

(3) 2、3、4、8　(4) 2、3、7、8

(5) 1、4、3、7、8

(6) 2、3、4、5、9

(7) 2、3、7、10、9

(8) 1、4、5、6、10、9

(9) 1、4、3、7、10、9

(10) 1、4、5、6、10、7、8

(12) 2、3、4、5、6、10、9

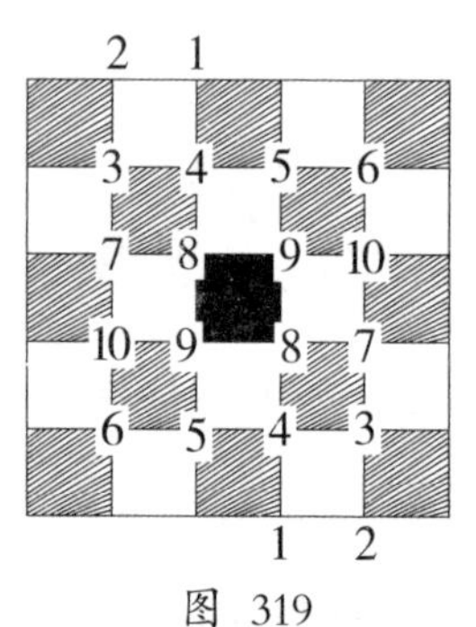

图 319

(13) 2、3、7、10、6、 5、9

(14) 2、3、4、5、6、10、7, 8

(15) 2、3、7、10、6、5、4、8

287.间色方格　本题的分法，除依正中一条纵线或横线的两法外，还有254种不同的方法。现在不能全部举出，仅列成下表，记出各类分法的种数，并略绘八种圆式，如图320所示。表中所称的长横线和长纵线是指图314（*a*）中的，短横线和短纵线是指图314（*b*）中的。又举的例子就是图320中所绘的。

分割标准	切口从1起	切口从2起	切口从3起
依长横线	8种，例如（*a*）	17种，例如（*b*）	21种
依长纵线	没有	17种，例如（*c*）	21种，例如（*d*）
依短横线	16种，例如（*e*）	31种	39种，例如（*f*）
依短纵线	17种	29种，例如（*g*）	39种，例如（*h*）

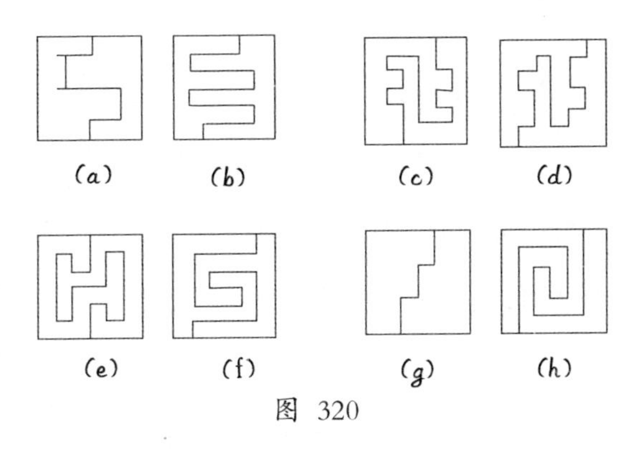

图 320

288.四只狮子　共有七种不同的放法，除题示的一种外，其余六种如图321所示。

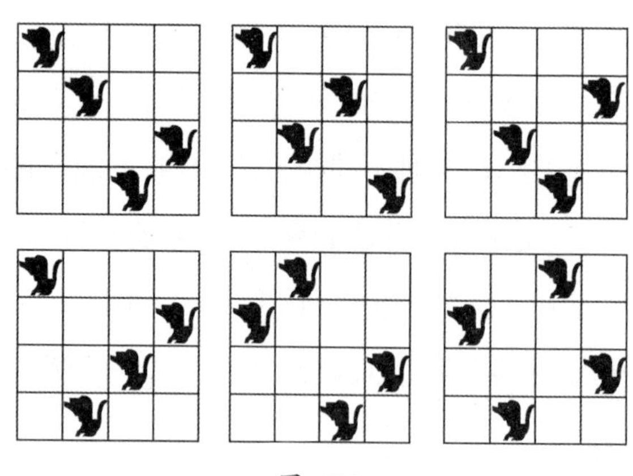

图 321

289.巧穿珠花　原来45颗珍珠的穿法，如图322所示，共有8个三角形，每形的周围各有珍珠8颗。

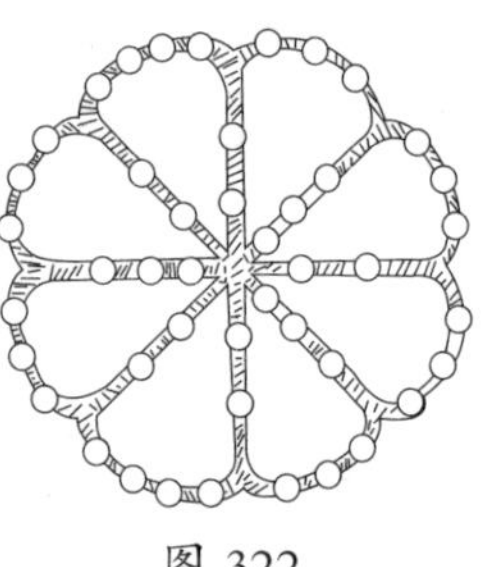

图 322

290.银链难题　本题粗看好像要连接9条银链，必须凿开9圈，焊接9圈，共需工资2.7元，不及另行购买划算，但实际可以把其中最短的两条链，即一个有3圈的和一个有4圈的所有的各圈全部凿开，用这7个圈把其余7条银链连接在一起，就可焊接而成一循环的链，一共只需2.1元，要比另行购买划算。

291.登楼妙算　先从平地走上第一阶，再退至平地，以后每次连上三阶，又退后一阶即可。如果以0表平地，1表第一阶，2表第二阶……顺序如下：

0、1、0、1、2、3、2、3、4、5、4、5、6、7、6、7、8、9、8、9

图323

292.星座问题 答案可参阅图323。

293.巧叠纸币 第一叠1张，第二叠2张，第三叠4张，以下各叠依次是8张、16张、32张、64张、128张、256张和489张。照这样分成十叠，从1张到1000张都可把其中的若干叠合并而得。

294.电车难题 设每隔x分钟有一电车从起点开出，则这人被同向而行的第一辆电车追到的地方（假定是A处），经x分钟必又有一辆电车开到。这人从A处走到遇到同向的第二辆电车的地方（假定是B处），经过了18分钟，在这18分钟里，第x分钟末电车到达A，第18分钟末电车到达B。可见这人在18分钟里走的路（从A到B），电车只用了$18-x$分钟，所以这人在1分钟里走的路，电车只要用$\frac{18-x}{18}$分钟。

根据上述知道这人和第一辆迎面而来的电车相遇的地方（假定是C），经x分钟又有一辆电车迎面开来。这人从C处走到和第三辆迎面而来的电车相遇处（假定是D），经过了6分钟，但电车必须在第x分钟末才能到C，现在在第6分钟末就到达D，可见这人在6分钟里所走的路（从C到D），电车只用$x-6$分钟，所以这人在1分钟里走的路，电车只用$\frac{x-6}{6}$分钟。

因为这人在1分钟里所走的路是一定的，故得方程式

$$\frac{18-x}{18}=\frac{x-6}{6}$$

解得

$$x=9$$

即每隔9分钟有一辆电车从起点开出。

因为这人在18分钟里走的路电车只用了18−9=9分钟，所以这人和电车的速度的比是9∶18，即1∶2。